施工管理人员 BIM
技术操作实务

张士军　主　编
李常兴　董耀军　副主编

中国建筑工业出版社

图书在版编目（CIP）数据

施工管理人员 BIM 技术操作实务 / 张士军主编 .—北京：中国建筑工业出版社，2019.12

ISBN 978-7-112-24268-9

Ⅰ. ① 施… Ⅱ. ① 张… Ⅲ. ① 建筑施工-施工管理-应用软件 Ⅳ. ① TU71-39

中国版本图书馆 CIP 数据核字（2019）第 217760 号

本书以数据的传递与获取为中心思想，围绕着施工现场的管理人员对 BIM 技术的应用展开描述。全书共分为 7 章，分别为：总则，施工员，测量员，质量员，安全员，资料员，材料员和造价员 BIM 技术应用。本书是一本详细介绍施工现场 BIM 应用的书籍，是针对施工现场 BIM 落地的指导性模型资料，可以作为施工单位 BIM 顶层设计的模板，特别适合施工现场的管理人员阅读，也可供土木类在校生参考学习。

责任编辑：王砾瑶　范业庶
责任校对：赵听雨

施工管理人员BIM技术操作实务

张士军　主　编
李常兴　董耀军　副主编

*

中国建筑工业出版社出版、发行（北京海淀三里河路9号）
各地新华书店、建筑书店经销
北京建筑工业印刷厂制版
天津图文方嘉印刷有限公司印刷

*

开本：880×1230毫米　1/32　印张：$4\frac{5}{8}$　字数：125千字
2019年12月第一版　2019年12月第一次印刷
定价：**39.00**元
ISBN 978-7-112-24268-9
（34765）

《施工管理人员 BIM 技术操作实务》
编 写 委 员 会

主　　编：张士军

副 主 编：李常兴　董耀军

参编人员：陈　杰　蔡　扬　朱杭鹏

　　　　　石　川　孟祥和　邹兆国

前　言

如果你是一名施工单位的技术人员，应当听说过 BIM 技术，或许已经参与到了 BIM 技术的应用中。

但如果你是施工现场的一名普通管理人员，也许还对 BIM 技术有些朦胧的感觉，是那个用三维展示的模型吗？那么当你打开这本小册子的时候，恭喜你，你已经完全打开了 BIM 技术的落地之门！

BIM 之美在于数据的传输与获取。设计院是工程数据的生产者，而数据应用最频繁、层次最深的却是施工单位。我国施工企业涉足 BIM 技术已经有些年头了，但真正的效果并不尽人意。原因是忽略了数据的传递，模型通常到了项目部就戛然而止。建个模型，做个碰撞检查，又或者 4D 模拟，这只是前期的"梦想版"而已。项目部对着模型手足无措，被动的接受（如明细表、动画）"施舍"。而落地需要人人参与并受益！一个 BIM 模型不管做得多么精细，都只是完成了部分工作任务，若要用于施工管理，还必须以管理人员自身的需求为导向自行细化和延伸，分别创建单独的模型成果，获取自己想要的数据，方可用于项目管理活动。辅助自己的工作，这才是真正的落地。

罗振宇说，现在很多人"宁可被说成是猪，也一定要挤在风口"。在今天的 BIM 世界里，黑天鹅俨然变成了家禽。好像不做个 VR、AR、激光点云这类高科技，就感觉 BIM 做得不够好，完全忘了我们的目的是把工程做好。"有一类创新叫往回走"。所以笔者一直在强调，研究 BIM 技术要以专业为依托。

作为管理者如何管理好项目，指挥技术工人，把技术转化为精品工程是根本问题。这本书将会告诉读者如何使用 BIM 软件，针对每个岗位的日常工作进行剖析，用 BIM 思维去应对自己的日常工作。**给工程注入灵魂，让建筑物开口说话**，从而达到管理好项目的最终目的，彻底打破当前"BIM 中心的 BIM"这种尴尬局面，把 BIM 技术延伸到一线岗位去，实现效益最大化，为项目增值。

本书主要针对施工现场管理人员如何辅助生产展开介绍，BIM 软件的操作技能请参考其他教程。书中所述的施工管理人员主要是指建筑工程（包括装饰工程）和市政公用工程的现场管理人员。

本书在编写过程中得到了社会各界的关注和支持。感谢铭钧智建工程咨询有限公司李常兴、蔡扬、陈杰，感谢中国建筑西北设计研究院有限公司董耀军的倾情参与；感谢内江师范学院的石川为本书的校对做了大量的工作。另外，译筑信息科技（上海）有限公司孟祥和，北京麦格天宝科技股份有限公司邹兆国，浙江圣瀚信息科技有限公司朱杭鹏，他们为本书提供了一些优质的素材。在此一并表示感谢。由于编者水平有限，写作时间较为紧张，不妥之处在所难免。如有读者发现问题请联系作者进行修订。

张士军

目　　录

第1章 总　则

BIM 技术应用由来已久，自 Graphisoft 公司发布了以"虚拟建筑"为理念的 ArchiCAD 软件，再到 Autodesk 公司的 Revit 软件推出后提出的 BIM 理念，发展至今日已经引起全球的广泛关注，然而实施后的总体效果并不尽人意。究其原因，还是对应用层面没有正确的认识和一套完整的流程可供参考。本章将对 BIM 技术的定义进行详细的讲解，并针对施工企业 BIM 技术落地的程序进行剖析，供施工单位土木工程专业及施工技术专业人员参考查阅。

1.1　对 BIM 重新定义

1.1.1　BIM：Building Information Modeling，是辅助工程管理的工具和方法论

它至少包含了四个因素：

1. 可视化图形

可视化图形是用户对可视化的更高需求应运而生的解决方案。通过可视化图形能够直观的表达某个物体或构件本身的几何信息和空间信息。它的作用是用来验证计算模型是否正确（或者精确）的一种重要手段。虽说图形只是数据表达的一种形式，但却是不可或缺的因素之一。通过图形可视化仿真模拟，辅助决策，碰撞检测及优化调整更加简单明了，为更加方便的出具断面图、局部详图、精确算量提供基础。通过可视化漫游浏览，验证结构的整体合理性并发现细节问题，提供可视化交底，特别对于加深非

专业人士对项目的理解带来强有力的帮助。由此可见，这个因素的关键点在于建模能力和专业水平，前者更重要一些，因为各种不同的模型所适应的软件不尽相同。如：钢结构模型比较适合用 Tekla 软件，而异形复杂的幕墙更适合用 Catia 软件。用三维图形来准确描述一段数据，从而验证该数据的准确性。同时生成该图形的模型数据，为用户提供决策依据。

以上所述的可视化图形其实质是三维图形，这些图形是对物理产品的数字化表达，其本身携带着一些信息。对于图形而言，这些天生携带的信息是一种几何信息，如长、宽、高、直径等。

2. 信息

这里所说的信息主要是指构件的属性，这个属性主要体现为非几何信息（如，材质信息和厂家信息）和关联信息（如，施工人员和验收记录）。构件属性信息的重要性不言而喻，一个没有信息的构件如同一具没有灵魂的躯壳，无法提供施工和验收依据，对于实施过程中出现的问题无从查证和追溯，特别是对于一些重要设备的信息无从查找，使得后期运维倍感吃力。这个因素的关键点在于信息的加载和数据库的存储与读取的权限分配机制。

以上两个因素对应着 BIM 里边的 Modeling，即模型。图形数据加上商务数据（构件的属性信息）形成了完整的模型数据，二者缺一不可。据此可以推导出模型的准确定义是，**建筑构件的数据集**。之所以 Modeling 这里表现为动名词，是因为随着项目的进展，模型数据是呈现动态变化的。例如，结构主体施工阶段和二次结构施工阶段两组模型所呈现的形态是不一样的。

3. 数据交互

这里的交互是指数据在不同的环境下进行传输和交互，是交流的工具和过程。大家耳熟能详的 IFC 解决的就是数据交互（互操作）的问题。这个因素目前软件开发公司关注的比较多，我们工程行业的一线从业人员应正确理解和对待。为解开数据交互的神秘面纱，下面仅以一个结构柱为例来阐述数据交互的过程。建模阶段在图形软件上显示的仅仅是一个 BOX，但其本身携带了一系列数据，如长、宽、高、空间位置、材质颜色等基础数据。

（1）图形可视化：在图形软件中，我们可以根据其空间位置和几何尺寸判断其合理性及其他构件之间的关系，并据此作出相应的优化和调整（很多人认为这就是 BIM 了）。

（2）结构计算：我们导出它的截面尺寸和高度数据，在结构计算软件中验算其长细比等结构形式是否合规，并根据荷载值验算其可靠度。

（3）效果图渲染：为了达到良好的视觉效果，需要对构件或建筑物进行渲染。这时候我们需要的数据是该柱子的几何尺寸和颜色数据（比如灰色），像材质和颜色这类基础数据，在 BIM 的概念中我们可以在建模初始就赋予构件，当然也可以在后期添加。在渲染时导出其几何尺寸数据和颜色数据，在渲染软件中进行渲染。

（4）工程量计算：我们在进行成本控制的时候需要对构件进行量化，计算其工程量。所以，我们需要在建模时对构件的材质进行定义。这时候我们按照需求导出该构件的几何尺寸和材质数据，进入造价软件，根据相应的扣减规则和计算法则进行计算其材料用量。当然，在计算时还可以按照相关规定对构件和工程量的类目进行编码，使得导出的工程量数据符合我国的清单编码规范。

（5）出图：一般图形软件本身都具备精确的运算机制，软件能够通过构件的几何投影精确计算出该构件的平面尺寸几何数据、立面尺寸几何数据等，通过这些数据我们可以轻易地做到出图的目的。通常图形建模软件都具备出图的功能，这时候数据在其软件本身进行交互，并不需要进行数据的导出导入，但这并不能忽略交互的过程。这一点听起来比较抽象，但是图形成像的原理本身就是由基础数据处理得来的。以柱子为例，该柱子的基本图形是由长度数据、宽度数据、高度数据三个基础数据计算而得来的。

（6）施工阶段：我们在施工阶段可以在该构件上赋予相关的施工信息，如原材料的实验报告、施工班组、验收人员等。项目竣工验收后对这些数据进行归类存储，为后期企业更新定额提供依据，分析人、材、机用量等，并作为质量追溯的依据。当然施工过程中可以按需要随机提取更多的数据，如提取该柱子的 X、Y 值用来放样。

（7）运维阶段：我们可以通过构件内预埋的芯片或传感器反馈的应力应变曲线监控该构件的运行情况，在构件受损达到极限状态后及时的传递信号供物业参考，并在第一时间作出应对。这里所说的芯片或传感器传递的数据也是绑定在该构件所对应的文件夹中的，在读取时可以直接对问题数据进行定位（这里只是举例说明，目前传感设备通常只对一些大型设备进行设置）。

通过以上的论述，我们不难得出以下三个结论：（1）我们的基础模型是一个保存海量基础数据的模型，但不是一个保持固定数据的模型，而是在不同阶段根据不同的需要展示不同数据的模型。在需要用到何种数据的时候可提取该数据直接使用或另做加工后使用。通过数据的传递我们不需要做每一项工作都去另外创建一次模型，从而减少重复建模的工作量。（2）我们每次提取数据时并不需要将所有数据一股脑全部提取，而只需提取与本工作相关的数据即可（如渲染只需要尺寸和颜色数据，出量只需要尺寸和材质数据，出图则只需尺寸数据）。（3）我们后期需要的数据未必需要在第一次建模时一次性加载，可以在合适的时候予以加载和提取。以上所述就是数据交互的重要性和核心价值。如图 1-1 所示为某构件在项目全生命周期的 BIM 数据的应用示范，通常建筑构件的项目数据非常庞大，图中所列的数据仅为示意，每个阶段的数据都可根据需要生成各种成果，**每个参与方对自己上传数据的真实性负责**。此时，施工图、三维模型、造价数据等成果，都仅仅是表现形式。其核心是数据库中的数据，建设方和监管部门只需要根据中心数据库中的数据来追究相关方的责任。数据的变动直接引发成果的变动，数据和成果互相印证，互相联动。如果参与方直接对成果进行了改动，其他参与方无法获取最新数据，就会造成一定的损失，对于这种过程数据和成果不能对应的情况，这时候建设方是不能承认这份成果的。

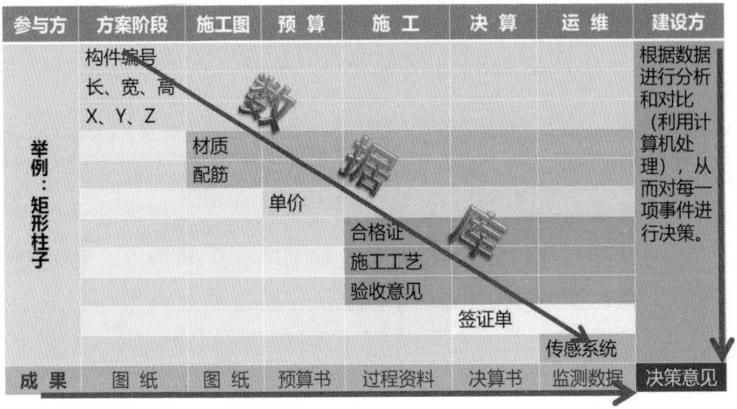

图 1-1 BIM 数据应用

这个因素对应着 BIM 里边的 Information，它体现了建筑业互联网发展的新趋势，为建筑数据的云存储和云计算提供了基础运算能力和新的发展思路。

4. 流程管理

流程管理也叫业务流管理，指的是建设工程全生命周期的动态管理。其核心是把实际工作中遇到的问题用 BIM 思维来解决。使得工程管理数字化、流程化、标准化、简单易操作。工程技术人员在工作中遇到的每一个技术问题和管理难题均可通过 BIM 思维来解决，利用先进的计算机软件处理一些传统操作难题，达到快速决策的目的。如根据三维场地布置来判断方案的合理性，我们传统 BIM 的做法是拿着某款 BIM 软件的某个功能硬生生去往项目上套，这是不理智也不科学的做法。而工程项目的动态管理体现了数据的变化过程。

这个因素对应着 BIM 里边的 Building，它属于管理层面的范畴，是工程项目动态演变的过程描述。工程项目从一个阶段进入到另一个阶段，需要很多工艺、工法和过程，在这些过程中需要投入大量的人工、机械设备和材料，为了达到预定的管理目标通常需要使用一系列的管理手段，而 BIM 思维正是信息化管理手段的重要抓手。

1.1.2 基于不同立场的 BIM 概念

随着建筑业信息化的蓬勃发展，BIM 技术的发展如日中天，各种关于 BIM 技术的概念充斥着各种媒介，袭击着每个建筑从业者的灵魂。因为 BIM 技术所牵涉的面比较广，所以站在不同的立场，根据自身行业特点定义 BIM 的概念本来无可厚非，但这种基于自身利益出发而做出的狭义的定义容易对从业人员和行业造成误导，这对于 BIM 技术的整体健康发展是不利的。所以正确理解和定义 BIM 的概念非常有必要。

首先要做个溯本清源，Building 、Information、Modeling 三者之间的关系应当是平行的，递进的说法是没有理论依据的。那么问题来了，为什么行业里对于 BIM 一词有着各种不同的解释呢？下面一一破解：

如果说 BIM 只是为了建模而存在，那么这个模型就形同一个摆设，为了完成各种工作需要创建大量互相没有关联的模型（三维图形），这样会带来巨大的压力和复核的工作，这个时候它并没有产生效益。现实场景中，施工质量的好坏、交付成果准确与否并不取决于图纸或者模型，而主要取决于执业人员的专业水平，这时候时刻考验的仍然是建模人员自身的专业素质，三维图形并不能完全解决因理解偏差带来的危害。所以，单纯的可视化模型并没有多少价值。

那么数据交互是 BIM 的全部吗？数据交互是 BIM 技术的核心，但也不是全部。三维图形可以增强从业人员的空间想象力，还原建筑物的原始物理形态，此时再加上数据注解，将达到最高的免错率。正如当下很多人所说的复杂造型，还是需要图形来辅助管理人员作出决策的。如果不结合图形软件的话，数据失去了载体，识别性和效率将大打折扣。

近年来，随着国内管理平台软件的推出，BIM 是信息化管理的呼声也是一浪高一浪，那么是不是有了信息化管理就算是 BIM 了呢？答案也是否定的。因为数据是信息的具体表现形式，数据需要经过加工处理之后才成为信息。那么数据的来源和准确性、交互性就显得极为重要了。否则仅仅把 BIM 停留在信息化管理这个层面，那么有了 ERP 系统也就够了，BIM 技术将成为空谈。

综上所述，BIM 技术最终的目的是给建筑业带来效益，产生价值是它存在的根本。BIM 的雏形起源于两条主线：一个是为了解决二维的局限而衍生出来的三维技术，一个是为了解决信息化而提出的建筑信息管理体系，建立 BIM 数据库。这两条主线都是针对建筑行业需要解决的问题所出现。而数据交互则是这两条主线有机结合的纽带和产生效益的催化剂，三者缺一不可。

1.2 施工企业 BIM 技术实施流程

影响建筑施工企业 BIM 技术应用效果的因素，包括企业层的配置和项目应用情况。主要体现在组织架构、人力资源配置情况，软件和硬件的配置情况，标准制定情况，培训力度和频率，技术攻关课题，现场人员的参与度、应用的深度和广度等。

1.2.1 企业组织架构设计

施工企业对 BIM 技术的应用应引起足够的重视，针对 BIM 的组织架构应合理完善。企业负责人层级应有专人负责 BIM 技术的应用与监督，直接指挥和监督 BIM 部门。对于施工企业而言，大中型企业（如特级资质和项目规模普遍较大的一级资质的施工企业）建议组建企业级 BIM 中心，对于中小型企业（如项目规模偏小或者项目数量较少的一级资质以及二、三级资质的施工企业）经过核算认为没有必要的，可以不单独成立企业 BIM 中心，而采取外包或者强化现场 BIM 技术员的技术力量等方式来弥补技术实力的不足。BIM 部门应单独设立企业 BIM 中心，或者由技术中心和信息中心抽调部分技术骨干组成班子。该部门应有负责人全职领导；部门下设专业分组，小组可以按专业分（如：建筑组、机电组等），也可以按功能分（如：模型组，效果组等），每个小组应有组长负责，下设组员。层级的设置、级数和级别应清晰，级数越多说明应用越成熟，分工越精确；级别越高说明企业的重视程度越高。没有分组的 BIM 部门是最初级的形态。

企业自建 BIM 中心和业务分包有什么利弊呢？对于工程项目而言，企业 BIM 中心通过对项目数据的采集和分析，为项目的实施提供辅助决策，更加精确的完善企业定额，提出先进的施工管理理念和建议，推出新的工法工艺。从而使得企业的整体实力得到提升，降低施工总成本，提高施工质量，最终提高企业的竞争力。所以，企业 BIM 中心参与项目的管理和把控是非常有必要的。而实行业务外包则等于把基础数据拱手送人，甚至根本没有收集相关数据。

1.2.2 人力资源配置

人力资源配置分为企业层配置和项目人员配置。

施工企业 BIM 中心应配备技术研发团队、建模及模型深化团队、信息化管理团队、培训讲师团队、少量的 IT 维护人员（也可外包）。值得注意的是，由于施工企业的规模大小不一，部门分工机制不同，企业顶层设计各有千秋，其团队规模也不尽相同。以下分别对上述所述的岗位职责进行简单描述：

（1）技术研发团队：为企业 BIM 中心的技术骨干，负责对本企业的 BIM 技术流程和各种标准进行梳理，形成规范性文件，以备新入职人员培训使用，同时作为企业的实施标准和验收标准、评价标准。如 BIM 技术的标准化操作规程，各专业 BIM 建模标准，BIM 成果交付标准，BIM 出图标准，现场应用标准等。制定企业 BIM 技术应用与发展规划，设定科学合理的目标，编制长远的 BIM 发展战略规划，推动企业 BIM 构件库标准化建设、文明施工设施以及各种标识标语的标准化建设，以及各种技术难题的攻关等。

（2）建模及模型深化团队：是企业 BIM 中心的常备力量，负责对工程项目及施工场地布局进行 BIM 模型创建和模拟。对设计模型进行深化，并对专业内和各专业之间的冲突干涉问题进行检测分析，对各个施工关键点进行施工模拟。包括各类专项施工方案的初步验证和辅助技术部门的投标工作。

值得一提的是，随着从业人员知识结构的不断调整，培训力度的不断增强，从业人员的建模能力将不断提升，基础建模人员会逐步向基层延伸，从而大幅缩减 BIM 中心的建模（模型深化）工作量，建模与模型深化团队将不断的精简，但特殊工作任务在很长一段时间里还应由企业 BIM 中心来主导。发展到一定的时间节点有可能并入技术研发团队。

（3）专业的培训团队：是企业实施 BIM 技术的必备力量，负责企业 BIM 中心的知识更新与升级，各项目施工现场管理人员的培训，企业其他部门人员的知识更新与培训工作。施工企业 BIM 技术的实施应考虑培训力量的来源，企业应配备专业的培训团队或者委托长期的合作团队来执行培训任务，确定培训力度（即深度和广度），合理安排培训内容的强度，应当有针对各级岗位分别制定的培训内容，并确定培训的频率，健全考核机制。

（4）信息化团队：和 IT 人员通常配合工作，信息化管理团队主要负责收集、整理各部门、各项目的资源数据及模型、图纸、文档等项目交付数据，对数据信息进行汇总、提取和分析，供其他部门或系统提供辅助决策；而施工企业 IT 团队平时最多的工作通常是设备的维护、软硬件的调试等。

知识结构：企业 BIM 中心的从业人员除了专业技术扎实以外，精通 BIM 技术也是所必备的技能之一（如精通一款或者几款 BIM 软件）。这是施工企业 BIM 中心与其他部门人员知识结构最大的区别。各个专业的人员和各功能的岗位配置应齐全、合理，如渲染或者制作动画的工作必须由专人负责，且必须具备一定的专业能力。

（5）项目现场的人员配置：包括 BIM 专业技术人员和项目普通管理人员。

2019 年 4 月 1 日，人社部发布通知，确定了建筑信息模型技术员这个新的职业工种，这是 BIM 技术趋向于成熟的标志。文中对 BIM 技术员进行了定义：利用计算机软件进行工程实践过程中的模拟建造，以改进工程实施过程中工艺工序的技术人员。

由此可以推出，施工现场的专业 BIM 技术员的主要工作任务是：接收并审查企业 BIM 中心提交的深化模型，根据施工组织设计和施工现场提交的文件进行模型维护并根据需要再次深化；提交各种深化图纸供施工员使用；依据施工进度计划编制材料表供材料员参考使用；配合计划部门计算出预算生产成本，提供资金计划依据；配合安全员和质量员等其他管理人员对施工班组进行交底。同时需要负责收集施工现场数据，做好与设计院和监理等其他参与方的部分协调工作。

知识结构：该岗位的知识结构与企业 BIM 中心和现场管理人员均有不同，既要保证专业知识的扎实、全面，还必须对施工过程中的流程比较清楚，同时具备强大的综合 BIM 技术实力。该岗位由项目技术负责人直接领导，是未来施工现场管理团队的核心。

在建筑业信息化快速发展的今天，项目部普通管理人员除了具备常规施工技能外，还应具备简单的 BIM 技术能力，以达到施工企业 BIM 技术顺利实施的最终目的。

在过去的很多年里，BIM 技术在施工现场一直无法真正的应用起来，其最大原因在于现场的管理人员没有参与进来。很多企业想到现场的管理人员也要具备强大的 BIM 能力，结果适得其反。因为过度深入系统的学习软件操作，容易增加现场普通管理人员的学习负担和心理压力，对于 BIM 技术的正常发展是极为不利的。BIM 软件功能强大，具有一定的学习难度，施工现场的专业技术人员没有那么多精力去把它学精通、学完整，而且因为 BIM 软件都具备一定的复杂程度，这种操作类的技能不经常练习使用很多功能容易忘记，所以说现场普通管理人员深度学习 BIM 软件是一种资源浪费。建议对于经常使用的一些功能熟练掌握即可。这些经常使用的基础能力包括：浏览模型的能力、标注和测量功能使用、模型剖切和出图能力、局部量化功能的使用等。

1.2.3 软硬件的配置

施工单位软件和硬件的配置反映了企业 BIM 中心相关负责人的认真态度和专业水准，软硬件的投入主要反映在配置的数量和合理性，是否和当前的组织结构相适应，是否有优化空间，能否最大化利用软硬件，减少闲置，都体现了该部门的真实水平。配置过低则影响工作效率，更新周期短；配置过高，则形成浪费。软件方面主要考虑该部门所采购的产品是否针对该行业有明显的优势，各种软件搭配是否合理，功能是否齐全，多款软件之间的数据交换是否顺畅，软件的价格档次是否合理等。除此之外，各项目部的软硬件采购应按照企业制定的标准配置。

（1）硬件配置：对于实施 BIM 技术所需的硬件配置几乎所有企业都差不多，需要根据企业规模的大小和需求来确定硬件的配置与数量。包括数据库服务器、交换机、终端计算机、手持设备等，所不同的是数据库服务器的架构层级。规模大的企业，需要考虑减轻总存储服务器的访问负荷。此时需要按业务拆分和分布式部署的原则分配中转服务器，只要有需求，理论上可以无限的增加各层面的服务器来应对。

（2）软件配置：BIM 软件是支撑 BIM 技术发展的必要条件之一，所以对于 BIM 软件的选择显得尤为重要。这里尤为注意的是专业的软件处理专业的事务。选择 BIM 软件的原则是：容易上手，成本适中，适合本行业，交互性能良好（格式兼容性好），大众化，符合本企业大部分管理人员的操作习惯。

下面仅就常用的一些 BIM 软件特性进行简单描述，供施工单位参考选用。

（1）Autodesk Revit 软件，是当前国内运用最为广泛的 BIM 建模软件，市场占有量较大，具有强大的联动功能，三维实体模型与平面、立面、剖面、明细表双向联动，一处修改，处处更新。明细表能够量化建筑信息模型中的数量，可以自由对构件添加任意信息和图表，容易使用。

（2）Autodesk NavisWorks，对主流的三维设计软件的格式均可兼容，主要功能包括模型浏览，各专业协调，施工过程的模拟，它对 Revit 软件创建的建筑信息模型降低了计算机的配置要求，在一般配置的计算机中也可流畅的浏览模型。还可添加各种超链接，将所需资料整合在一起，方便管理。

（3）Autodesk Civil3D，在市政道路的应用中有较为突出的表现。

（4）Autodesk 3DSMax，三维图片渲染和制作软件，提供更为真实的材质与场景表现。

（5）Bentley MicroStation，在国际上与 CAD 齐名。可以轻松地建模、查看、记录和可视化任意规模和复杂程度的项目。在测绘、工业建筑、道路桥梁上的表现比 Revit 软件更为抢眼。但在国内的用户数量小于 Revit。

（6）Graphisoft ArchiCAD，专业的建筑施工图设计软件，能利用 ArchiCAD 虚拟建筑设计平台创建的虚拟建筑信息模型进行高级解析与分析，如绿色建筑的能量分析、热量分析、管道冲突检验、安全分析等，对计算机的配置要求较低。但在跨专业协调中，ArchiCAD 软件创建的三维模型只能通过 IFC 标准平台的信息交互，造成了沟通的不便和信息的丢失。

（7）Tekla 施工图深化软件，在钢结构领域的霸主地位无可撼动，可保证钢结构详图深化设计中构件之间的正确性，同时自动生成的各种报表和接口文件（数控切割文件），可以服务（或在设备直接使用）于整个工程。目前在钢筋混凝土结构的运用上并不广泛。

（8）Dassault CATIA，是全球最高端的机械设计制造软件，在航空、航天、汽车等领域具有接近垄断的市场地位，应用到工程建设行业无论是对复杂形体还是超大规模建筑其建模能力、表现能力和信息管理能力都比传统的建筑类 BIM 软件都有明显优势。但高额的软件费用与漫长的学习路程，让很多小型企业望而却步。

（9）Dassault DELMIA，提供目前市场上最完整的 3D 数字化设计、制造和数字化生产线解决方案。通过前端 CAD 系统的设计数据结合制造现场的资源（2D/3D）。通过 3D 图形仿真引擎对于整个制造流程和维护过程进行仿真模拟和分析。与 CATIA 数据无缝对接。目前广泛应用于制造业中。

（10）PKPM、YJK，国内结构设计软件主要供应商，主要运用于结构受力计算与分析。可利用插件导出到 Revit 中进行后续的运用，无法添加各类信息。

1.2.4 施工单位 BIM 技术实施框架设计

前面说过，对于中小型施工企业可以不组建企业 BIM 中心，而委托第三方从事模型深化工作，培训工作也可以委托给专业机构代为实施。但是担任现场 BIM 技术员的人选建议由项目部直接安排，并接受企业技术部门监督把控，这样才能保证企业与施工现场的粘合度；偶尔遇到复杂项目和技术难题可以委托第三方给予技术支持。小型的常规项目出于节约成本考虑，可以由现场中高层管理人员兼职，项目经理由于协调工作量巨大，不可能代替 BIM 技术员，最好的方案是由项目技术负责人代替，其次是专业技术员。这里要强调一下，BIM 技术的实施需要一定的技术底蕴，普通的基层管理人员较难胜任该项目的 BIM 专业技术员。

大型施工企业则建议组建企业 BIM 中心，团队规模按企业需求具体考虑。同时，企业 BIM 中心应配备信息化管理团队和少量的 IT 专职技术人员，以保证各种设备的正常运行。施工现场需要配置符合本项目规模正常运转能力的 BIM 技术专业技术员，施工企业在做 BIM 技术顶层框架设计的时候，对待现场的态度是提供具备一定 BIM 能力的复合型人才，企业 BIM 中心的培训团队负责对现场 BIM 技术员的培训与考核工作，同时负责监督现场 BIM 技术员的实施情况、质量和进度等，保证良好的运行状态。施工现场的普通管理人员应具备一定的 BIM 软件操作基础和基本应用常识，这样才有可能将 BIM 技术融入到现场的管理工作中去，顺利地管理项目并从 BIM 技术的应用中获益。这样就要求现场的管理人员主动接受企业 BIM 中心培训团队的定期培训和考核工作，每次的培训时长建议为 1 ～ 2 天。对项目的 BIM 技术整体实施应不定期检查和实时监督，以不变应万变。对于个别需要做课题的项目，企业 BIM 中心应直接与项目部进行联系，并尽可能的深入一线获取第一手资料。

对于一个项目的 BIM 技术实施，还应确定一个宽度边缘。BIM 技术在施工现场的实施需要延伸至哪个层次？都有谁参与？施工现场的钢筋工、木工、泥工、普工，这些基层的技术工人是否需要参与？答案是否定的。通过调查分析显示，施工现场 BIM 技术应用的边界只需考虑到各施工班组的班组长即可，即工长的层次。

1.2.5 施工单位 BIM 技术实施流程梳理

工作方法：施工企业在项目中标后，第一时间由企业 BIM 中心接收由设计院提供的 BIM 模型，进行复核并组织模型会审工作。以上基础工作完成后即可对项目进行深化和出图，对于深化过程中发现的问题再次进行会审，经设计单位回复后再次深化，模型深化完毕后进行出图和出量。对于只提供传统二维图纸的，则按照图纸翻模后进行以上工作。

项目开工后，深化完毕的项目模型交付施工现场项目部，项目现场的专职 BIM 技术员进行接收和复核并组织项目部进行模型会审。不符合要求的应继续深化，直至模型符合施工条件后，根据施工组织设计确定的时间节点进行进度模拟；并根据项目部各管理人员提交的初步深化要求对模型进行局部细化并出图和交底；根据施工组织设计确定的施工部署进行局部出量。

现场 BIM 技术员负责阶段性交底和其他管理人员的咨询工作。项目部管理人员在具体工作中对各自负责的工作范围负责，对模型进行浏览、必要的标注和测量等行为，仍需深化的工艺或者构造自行深化和模拟（如抹灰净尺寸图），或者提出申请交由

BIM 技术员进行，具体情况视现场的 BIM 技术员的配置和管理人员的自身水平而定。施工管理人员对于工作中应用 BIM 模型的地方需要了然于胸。对于最终的 BIM 模型成果需要具备基本的审查评判能力和批注能力。BIM 技术员负责收集现场的反馈建议并进行记录，负责模型的维护工作。监督各管理人员的阶段性 BIM 模型和项目应用并对数据的流向和顺畅性进行把控。在项目实施的过程中接受企业 BIM 中心的监督。负责与分包、监理单位等项目各参与方的沟通和例会的模型展示工作，组织各参与方进行 BIM 专项工作汇报。在项目施工的过程中进行质量监控，发现问题及时通过 BIM 协同平台等工具进行记录与反馈，并发布给其他参与方，使用 BIM 工具汇报工作进度和安全隐患。协调各参与方参与监督过程形成闭环，并监督整改过程。对于有后期运维需要的项目，现场管理人员还应根据各自的职责负责现场一手资料的收集工作，并与模型进行绑定，上传至服务器。最终形成一套完整的符合使用要求的竣工 BIM 模型。

至此，从上到下的一套工作流程就完整的体现出来了。总结下来就是企业 BIM 中心深化模型，现场 BIM 技术员管理和监督模型的应用，其他管理人员深度应用于施工管理，企业 BIM 中心提供最终的技术支持和培训考核。

这里需要着重说明的是，除了重点项目，企业 BIM 中心并不需要直接对一般项目进行管理。首先，企业 BIM 中心属于企业的在编人员，人员应该相对固定，其职责除了做好施工图深化工作外，还担负着企业技术升级和研发、培训等任务。其次，对于施工现场的具体应用，如场地布置、施工顺序、进度安排以及拟采用的工艺工法等，都不是项目部之外的人所能够决定的。所以我们认为，所有在施工组织设计之外的建模与优化工作皆属于施工图深化的范畴，对施工现场带来的帮助微乎其微，而真正能够辅助施工的应用是在施工现场的深度融合，施工现场的每个岗位应当做到随时使用模型，随时提取数据，并且做到互联互通，协同工作，方为施工 BIM 应用之根本。本书的核心内容主要针对施工现场的管理人员深度应用 BIM 技术展开描述。如图 1-2 所示为施工 BIM 技术在施工现场及其他主体之间的关系，图中的虚线表示没有直接领导关系，但是有工作联系。

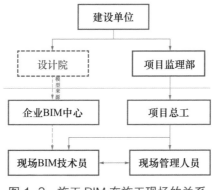

图 1-2　施工 BIM 在施工现场的关系

1.2.6　施工现场 BIM 应用模型创建流程梳理

设计模型和施工模型最大的区别在于其目的性，设计模型是大而全，其目的是出具施工图，而施工模型是为了辅助施工而创建。例如，施工方案确定了某项目的脚手架采用门式钢架，我们不能糊里糊涂的创建一个钢管式脚手架模型。所以施工应用模型是有着明确目的的建模，不是盲目而为。下面简单梳理一下施工现场的 BIM 应用建模流程。

1. 依据合约内容分解任务

BIM 技术施工应用的第一步是分解任务，而分解的依据是合约的内容。例如，跟一个挖土分包商要谈土方量的计量和挖土周期的确定，运输路线的设计，从而不至于影响项目的正常进行。这时候跟他谈碰撞检查和管线综合调整将毫无意义。确定了服务内容后即可对任务进行分解，然后按照工作岗位进行再分配。工作内容的分解可以按照从上到下的原则进行，包括按分部分项分解的原则，按专业分解的原则，按工序分解的原则，按工艺分解的原则等。

举例说明：一个建筑单位工程经分解后产生地基与基础分部，往下分解产生模板、钢筋、混凝土等分项工程，其中钢筋分项接着分解产生钢筋绑扎、焊接、配料等工序，钢筋绑扎又可以分解成柱子绑扎、大梁绑扎、钢筋焊接等工艺。工作内容分解的越细则需求越是明确。如大梁钢筋的绑扎会有什么需求呢？可能有复杂节点的识图难题，钢筋安装的先后顺序问题，安装进度问题，安装时应注意的安全问题，与模板工的配合问题等。

工作任务分解后按照岗位职责进行任务再分配，如：梁的钢筋绑扎指令由施工员发布，质量跟踪和检查由质量员负责，安全问题由安全员负责，钢筋定位由测量员负责，领料由材料员负责。这种矩阵式的分配机制正符合现代化管理的理念，如图 1-3 所示。

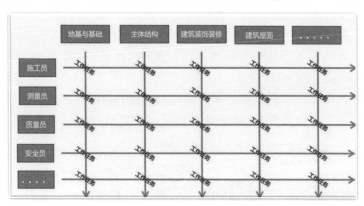

图 1-3 任务分解与再分配

每个岗位按照岗位职责分配任务以后即可明确的对各自的任务难点针对性的提出解决方案，如：复杂的钢筋节点可以用三维可视化的手段进行交底，安装顺序可以采用工艺模拟的方法进行优化，从而找出可行方案。

2. 选择 BIM 软件

管理人员经过对项目的分解和再分配，明确了各自的任务和职责，从而策划一系列的任务需求清单。此时对于软件的需求基本明朗，可以根据本项目的特点，按照需求和以往的经验综合考虑，在尽量使用企业本身已有软件的基础上提出采购计划。新采购软件应考虑的因素依次为：满足主要功能，满足次要功能，交互功能测试，是否借助平台。

3. 创建施工计划 BIM 模型

经过项目任务分解和软件的选择环节，即可进入施工模型的创建工作。模型的创建应根据项目需求进行策划，对于模型的精度和颜色区分等环节，应根据企业已有的操作习惯和该项目的需求来准确定位。建模过程中应时刻关注着项目需求，带着问题去建模。从而根据最初的任务分解来确定需要做哪些工作，如：局部量化、预制清单，出图、标注、大样、剖面图，测量数据、辅助测量工作，阶段区分、4D 施工模拟，施工工艺模拟，构件拆分与拼装、吊装模拟，安全文明施工等应用。

在基础建模和模型应用阶段之后，可以考虑是否结合 BIM 平台进行协同管理。使用 BIM 平台管理项目代表着远距离的沟通已不再是分配工作的障碍。BIM 模型将成为控制人工和材料数量、施工方法、资源利用率的核心信息源，他们将发挥举足轻重的作用，为施工控制自动收集所需的数据，如图 1-4 所示。

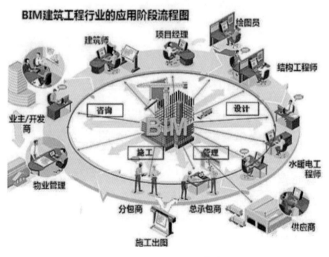

图 1-4　BIM 协同工作方式

　　总结项目部最基础的应用场景如下：办公室和会议室可使用大规格的可触摸屏幕用来演示和交底。施工现场可使用手机或配备平板，作为沟通和查询工具使用，借助轻量化软件轻松管理项目，查询构件做法和局部工程量，反馈进度和质量等问题。复杂的施工节点可以对深化后的模型局部进行图纸的导出（具体操作细节和设置详见其他章节）。这里再次提示：本书写作的主要目的是告诉建筑行业的从业者如何根据不同的需要创建自己的任务模型，做好自己的工作，把工作内容全部体现在模型里边，如何得到自己想要的最终数据。而不是整个项目部盯着一个设计深化模型而无动于衷，看来看去就是一个三维图形，不知道如何获得数据。这样并不能够给项目的实施带来多少帮助。

　　本书以下章节将重点描述施工现场的常见管理岗位对 BIM 技术的常规应用，抛砖引玉，施工单位在参考本书的理念时可自行发挥，凡是能够提高效率和效益的都是好的应用，无须被一些概念所禁锢。

　　注：本书以下章节大部分带有操作的内容以 Autodesk 系列软件为例进行操作演示，但 BIM 技术的实施并不限制软件的种类，思维体系也不受所选软件的影响。

第 2 章　施工员 BIM 技术应用

本书所指施工员是指在建筑工程与市政公用工程施工现场，从事施工组织策划、施工技术与管理，以及施工进度、成本、质量和安全控制等工作的专业人员。施工员在施工现场的工作非常的繁多和琐碎，其作用几乎可以看成是某个区块的技术负责人，责任重大。还有些小型项目的施工员身兼多职。基于这个原因，本章也是这本书的重头戏，几乎要做到面面俱到，把施工员的日常工作都体现出来，后面的章节有重复的内容将会相应的减少篇幅，读者应活学活用。

2.1　识读相关专业模型

识读设计院提供的模型，或者经过本单位优化后的模型和其他工程设计、施工等文件，熟悉涉及本项目的施工工艺和工法，了解建筑构造、建筑结构和建筑设备的基本情况，参与图纸会审和技术核定。扫描右侧二维码观看。

BIM 技术应用的第一个先决条件是读模，**BIM 技术落地的先决条件是按模施工**。随着 BIM 技术的发展和逐渐普及，按模施工的理念将替代按图施工。虽然编者一再强调数据继承的重要性，但是不可否认三维图形相比二维图形具有不可替代的优越性。特别是遇到复杂造型（如屋顶造型），所有的二维表达都将无能为力，这时候使用三维图形的优势就凸显出来了。所以读模应该形成一种习惯和常态。读模能力应当是具备 BIM 技术能力的基本条件。所以，按模施工的前提是能够读懂模型。下面以 Revit 软件为例简单介绍一下最基本的读模思路，如图 2-1、图 2-2 所示为平时所见的建筑物模型。

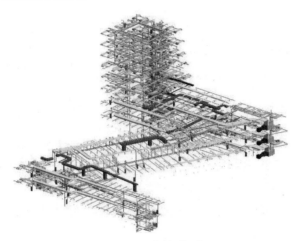

图 2-1 机电模型

图 2-2 建筑模型

2.1.1 模型浏览

对模型进行整体浏览，了解项目的基本情况。整体高度，结构形式，层高分布情况，有无特殊造型等。

（1）打开和保存模型：在安装 Revit 软件后，程序会自动关联，双击即可打开后缀为 .RVT 的项目文件。或在打开 Revit 软件后，在初始界面左上方，单击打开命令按钮，找到项目文件所在的位置，即可打开项目文件，如图 2-3 所示。

图 2-3　Revit 初始界面

（2）旋转观察模型：在三维视图中，可在任意合适的角度观察建筑物的构造，多角度的观察让我们能够快速准确的读懂模型。按住鼠标滚轮＋Shift 键旋转视图，以整个模型的中心点为基础进行旋转，我们也可以选中一个构件，然后进行旋转操作，此时旋转中心为选中的构件，如图 2-4 所示。

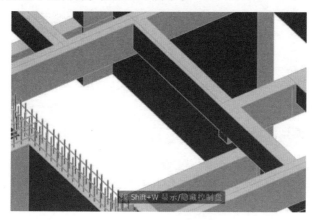

图 2-4　模型的旋转

对于软件操作不是很熟悉的从业人员，也可以左键单击 ViewCube 上各方位（如图 2-5 所示），根据立方体下的指针识别方位，在立方体上选择需要观看的角度，快速展示对应方向的模型，也可以把鼠标移动到 ViewCube 上，单击鼠标右键弹出菜单，在菜单列表中选择查看的方式。

（3）定位到楼层：对于一个大型建筑物或者层数很多的建筑来说，在工作中经常需要对某一层的构造单独进行了解，但是在整个建筑物模型中观察某层构造非常不便。此时可以在 ViewCube 上单击鼠标右键，在弹出的菜单（如图 2-6 所示）中，在定向到视图（V）的二级菜单下，选择任意楼层平面视图，程序会自动生成剖面框，该剖面框内所显示的即是所要的楼层三维视图，如图 2-7 所示。

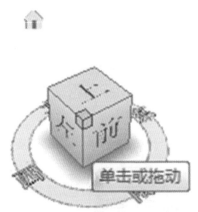

图 2-5　ViewCube

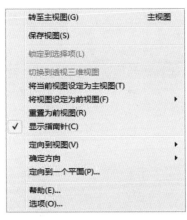

图 2-6　定向到视图

（4）使用剖面框定位局部：有时候整个楼层的构造仍然面积很大很复杂，施工管理人员需要对楼层三维视图进一步进行调整，使模型只显示某一局部构造。此时可以选中剖面框，调整剖面框的任意操纵柄，调整剖面框的大小。若要单独观察某一构件，可选中模型中的这一构件，在上下文选项卡中，视图面板下，单击选择框（BX）命令（图 2-8），得到一个单独构件剖面框（图 2-9）。

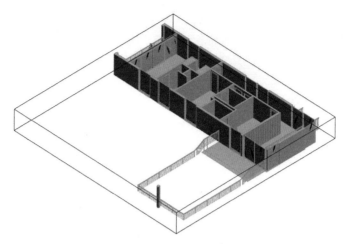

图 2-7　某楼层三维视图

图 2-8　选择框

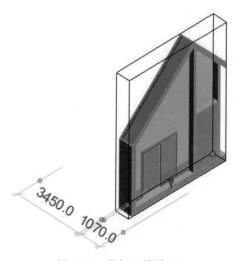

图 2-9　局部三维视图

（5）还原视图：在不选中任何构件的情况下，在三维视图的属性框中，取消剖面框的勾选（图 2-10），可以取消剖面框的设置。

2.1.2　根据项目需要简单的编辑模型

查询项目现有的基本概况和经济技术指标，通过浏览横断面和纵断面的情况，对项目的结构形式更加清晰的了解。

（1）项目属性识读：在不选中任何图元的情况下，项目属性栏将会显示本项目的建筑面积、造价、开竣工日期、各参与主体单位名称等基本信息（图 2-11）。项目属性栏中显示的基本概况，在任何视图的属性栏都能够查看到信息内容。

（2）项目浏览器：项目浏览器中包含各类视图（平、立、剖、详图、

图 2-10　剖面框选项

三维视图）、图例、图纸、表格。管理人员可以按照工作所需在浏览器中调取相应的内容，如图 2-12 所示。

项目浏览器（图 2-12）与属性（图 2-11）一般在软件左右两侧。若不小心将其关闭，可在绘图区域空白处单击鼠标右键，在弹出的菜单最后两项，可调出这两个对话框。或在视图选项卡的用户界面功能里调出。属性浏览器也可以选择任意构件，在上下选项卡中属性栏直接点击调出。

（3）图层管理：通过关闭和打开相关的图层，对于建筑物的整体构造更加清晰，更容易发现不合理的部位或做法。在 CAD 制图中，软件默认会将梁线、墙线、门窗等设置为不同的图层。而 Revit 软件则默认将墙、柱、梁、门、窗等定义为不同的类别。可

以通过视图属性中的可见性/图形替换，来控制类别的显示状态，如图 2-13、图 2-14 所示。

图 2-11　项目基本信息

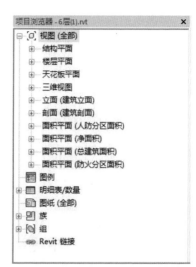

图 2-12　项目浏览器

图 2-13　视图可见性

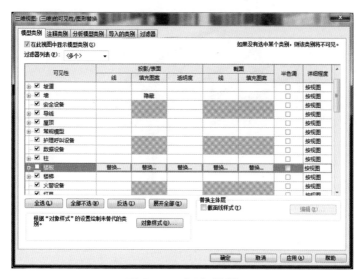

图 2-14　勾选"板"

在各类别前的复选框打勾，即该类别在此视图可见，如图 2-15 所示所有构件在本视图中可见。若将该模型设置为楼板不可见，楼板将在该视图中不可见，如图 2-16 所示。以上几项为 Revit 软件中读取模型的基础操作，施工管理人员应熟练掌握。

图 2-15　板可见

图 2-16 板不可见

从以上内容不难看出，BIM 软件的基础操作对于施工管理人员十分重要。不管是设计院出的模型还是本单位优化后的模型，都要求施工管理人员具备 BIM 软件的基本操作能力，这样才能够进行识读模型，进行按模施工。随着建筑行业信息化的蓬勃发展和国家的大力推行，建筑行业在 BIM 技术应用上的要求也越来越高，在 BIM 技术落地的过程中施工管理人员起着至关重要的作用，因此一个合格的施工管理人员掌握基本的 BIM 软件操作将成为必备的技能之一。

2.2　技术交底

依据施工组织设计和专项施工方案，采用 BIM 技术编写技术交底文件（基于 BIM 技术的施工方案内容繁多，后续将推出专项书籍，此处不详细赘述），并应用 BIM 思维对施工作业班组进行技术交底。使用 BIM 技术进行技术交底，能够直观的表达施工流程和施工工艺，在展示上也胜于以往的传统方式，对于细部构造的表达也更加地清晰明了，信息读取上可以做到随时需要随时读取的程度。通过软件间数据的关联，避免了技术交底内容不一致的错误。本节涉及的部分操作可扫描右侧二维码观看。

2.2.1　局部与细部剖析

在了解建筑物的大致情况后，可通过一些简单的操作手法对模型的局部以及细部进一步剖析。其中经常使用到剖切和详图索引这两个命令，以下是对这些命令使用方法的简单介绍。施工管理人员可以灵活使用这两个命令对建筑物的局部或者细部进行技术交底。

（1）剖切：通过项目浏览器，将视图切换到平面视图，在快速访问菜单下，单击剖面命令。在平面视图的相应位置绘制剖切符号，即可创建剖面视图。新建的剖面视图会出现在项目浏览器中，可从项目浏览器中调取。也可以选中该剖切符号然后单击鼠标右键，弹出菜单列表，单击左键选择转到视图（G），即可打开相应的剖切视图，如图 2-17、图 2-18 所示。

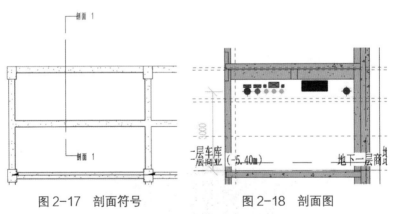

<table>
<tr><td>图 2-17　剖面符号</td><td>图 2-18　剖面图</td></tr>
</table>

（2）详图大样：明确了细部构造后，紧接着对于复杂节点进行讲解和交底。在视图选项卡下创建面板中，单击详图索引命令，可在任意部位进行详图处理。在详图符号处单击鼠标右键，然后左键选择转到视图，即可跳转到该详图，或者双击详图符号亦可跳转到该详图视图，如图 2-19、图 2-20 所示。

图 2-19　详图符号

KZ 206	KZ 201	KZ 204	KZ 205
12Φ18	12Φ22	12Φ20	12Φ22
Φ8@100/200	Φ10@100/200	Φ8@100	Φ8@100/200
-0.050~屋面	-0.050~4.150	-0.050~4.150	-0.050~4.150

图 2-20　详图

　　结合局部三维（参见图 2-9），进行细部交底。针对局部复杂的节点，难以从原模型直接看出细部构造，这时候可以利用 BIM 软件对局部进行放大，必要的时候还需要进行局部细化，从而实现交底的目的。BIM 图形软件能够处理好局部的细部构造问题，把局部构造更细化的展示出来，让人清晰易懂。施工管理人员将复杂的局部构造通过 BIM 软件的演示，使施工班组直接在三维状态下观察，降低了交流难度，更利于正确施工，减少返工，如图 2-21、图 2-22 所示。

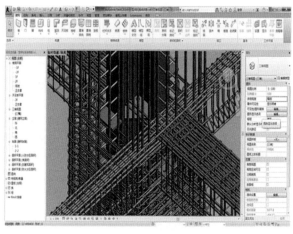

图 2-21　钢筋节点

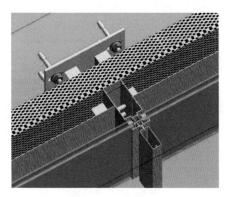

图 2-22　幕墙节点

2.2.2　构件属性和构造解读

对于做法不明确的构件，还应对其属性和构造进行解读，通过读取构件的构造层信息来了解构件的做法。对于深化模型的构造层信息不完善，达不到使用要求的可以进行添加或反馈给模型深化人员，直至达到交底要求和输出信息的完整性。

（1）构件属性读取：选中任意构件，此时属性对话框中会显示关于该构件的所有属性（图 2-23）。以柱子为例，在属性对话框中可读取到柱子的标高、平面轴网定位、结构材质、钢筋保护层等信息。如若需要对构件进行更详细的了解，可以在属性浏览器的编辑类型处单击鼠标左键，弹出类型属性对话框，即可查看更为详细的内容。

（2）做法标注：在出具交底文件或者技术交底过程中，难免会因为构造复杂，

图 2-23　构件属性

样式繁多而难以通过强行记忆来识别，此时可以通过 BIM 软件的标注功能来辅助识别。例如，在 Revit 软件中，在注释选项卡下，标记面板中有一系列标注工具。可进行类别标注、材质标注等（图 2-24），标注后的成果如图 2-25～图 2-27 所示。

图 2-24　标注栏

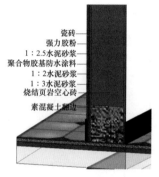

图 2-25　墙体结构层标注

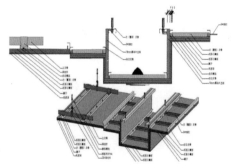

图 2-26　吊顶标注

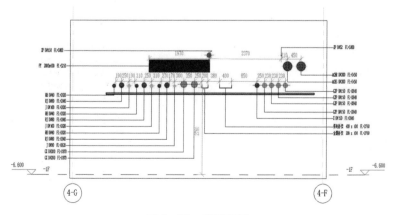

图 2-27　详图标注

利用构件属性（图 2-23）和注释标注（图 2-24）功能，对做法不明确的构件进行补充解释，施工管理人员可以直接通过读取标注完善的信息来了解构件的做法。在编制技术交底文件时更容易理解，信息更全面，也能检验施工程序的科学性和施工顺序的合理性，并且在一定程度上减少了施工管理人员的工作内容。

2.2.3　图纸的生成与导出

因为当前的技术水平，施工现场还无法彻底脱离纸质图纸。施工员需要掌握简单的图纸生成与导出技能，方便将深化后的模型生成二维图纸及三维轴测图、节点图等，然后进行导出打印，带至施工现场使用，如图 2-28 所示。

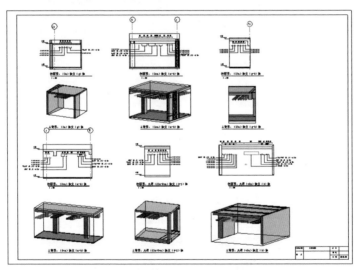

图 2-28　出图

2.2.4　施工模拟

在建筑构造完全清楚后，即可对施工顺序进行模拟，检验其合理性。对于复杂工艺还应进行工艺模拟，让参与施工的人员更加直观的了解施工的步骤和重难点所在。

（1）施工流程模拟：通过对建筑物（构筑物）进行施工模拟可以了解整个项目的施工先后顺序，同时通过绑定时间维度，直观的了解何时应该进行到什么节点，当然也可以绑定成本信息，直观分析人、材、机的消耗情况，从而对项目的进度和成本进行管理和控制。施工模拟可以分为整体施工模拟和某分部（或某专业）工程的施工模拟，如图 2-29 所示（也可扫描右侧二维码观看详情，该项目以 5 ～ 7 天为一个时间节点进行分配任务，进行实际施工模拟）。

图 2-29　施工流程模拟

（2）工艺模拟：实际施工中难免出现很多复杂施工节点或者专项方案，给交底工作带来很多不便。利用 BIM 技术对于那种步骤繁多又难以口头表达清楚的工艺和工法，通过工艺模拟可以直观的表达出来，进行技术交底，如图 2-30 所示。

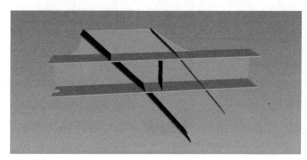

图 2-30　工艺模拟

2.2.5 设计缺陷检查

对于复杂部位或者多专业交叉的部位，设计师在设计时难免出现疏漏，此时可以通过 BIM 软件进行碰撞检测或者漫游浏览发现不合理的部位，然后根据施工需要进行优化。目前很多项目上进行的机电管线综合调整就是使用了这一技能。施工员一般拿到深化的模型后可以使用该功能进行检查，发现问题后反馈给现场的 BIM 技术员进行调整。图 2-31 所示为管线调整前后的对比。

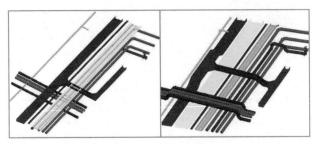

图 2-31　管线调整

2.3　检查测量方案的准确性

组织测量放线，抄水平，并对以上工作进行技术复核。施工定位放线是施工管理因素中非常重要的环节。施工测量的准确性是保证建筑物正确施工的前提条件。而施工员对管辖范围内的施工质量负总责，所以对于测量过程和成果的监督应保持认真负责的态度。测量方案需经过核对无误后方可进行测量工作，应对测量方案的逻辑性和准确性进行反复核对，对于标高标记的密度和设置部位的合理性进行论证，并且应保护好管辖范围内测量人员设置的定位点。

2.3.1 测量方案核查

对于测量员提交的测量方案施工员需要进行核查。检查测量方案中轴网关系、坐标关系的逻辑性和准确性。BIM 模型可以直接表达出轴网关系和坐标关系，可利用可视化特性检查它们之间的逻辑性和准确性。

（1）轴网关系：应注意核查控制线与边线的关系，定位线设置的合理性，能否顺利保留至施工后期等。核查模型中的坐标原点和定位点，距离轴线的尺寸应准确，如图 2-32 所示。

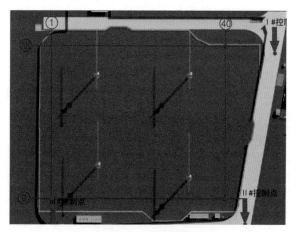

图 2-32　轴网关系

坐标原点和定位点的逻辑关系应准确，放样孔位置应合理，不得影响后续施工，不得放置在有防水要求的部位。放样孔到轴线的距离应准确，如图 2-33 所示。

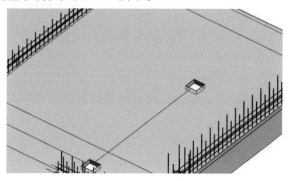

图 2-33　放样孔

（2）放小样：测量员把控制线交付验收后，即可组织其他管理人员集中人力对细部尺寸进行放样，以免影响后续施工进度，如图 2-34 所示。

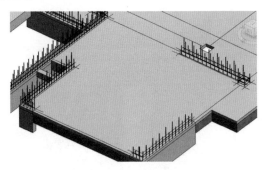

图 2-34 细部放样

2.3.2 标高标记

把原始标高从基准点引测至合理部位后，对细部标高进行标记，标记的密度和部位应满足施工需求。在测量模型中，应分别展示结构标高模型和建筑标高模型，具体操作时应分别保存文件并保持数据共享。实际测量过程中直接参照模型中的标记进行设置。

（1）结构标高：用来控制结构标高和现浇板的厚度以及平整度，通常打在钢筋上或者模板支架的钢管上用以复核模板的标高。如图 2-35 所示。

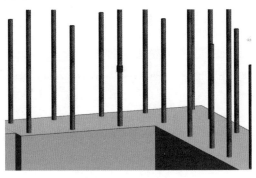

图 2-35 结构标高

（2）建筑标高：用来控制洞口高度和房间净高尺寸，通常在墙体上打上红三角表示，多用在墙体砌筑或者装饰抹灰阶段，如图 2-36 所示。

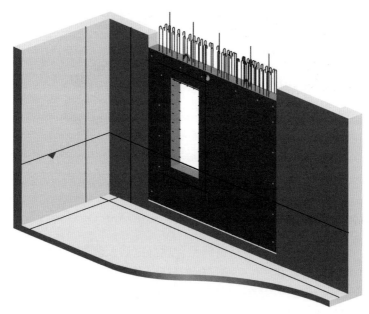

图 2-36　建筑标高

（3）模型中标高的测量：施工员在需要对某一构件的标高进行复测时，可在注释选项卡中单击高程点（EL）工具，选择拟测量标高的部位即可测量该部位的标高。如图 2-37、图 2-38 所示，高程点标记的单位可以设置，标记的引线可以任意调整。高程点可以在平面、立面、三维视图下进行使用。

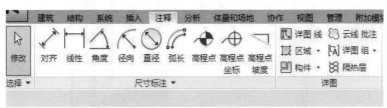

图 2-37　注释选项卡

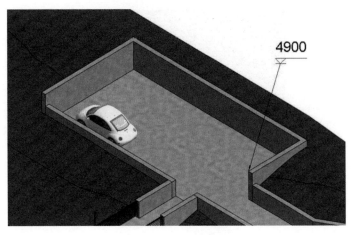

图 2-38　标高测量

2.3.3　距离标注

对于构件之间的距离可以用测量命令进行标注，以方便施工人员查阅；对于抹灰等工序还应做好定位线，以方便施工和复查。批量的标注和定位成果应单独保存文件。三维测量尺寸标注与二维类似，但是又有别于二维尺寸标注。三维尺寸标注在整个空间上展示，与实际施工过程中尺寸直接匹配，定位线与注释直观的表示在建筑空间上，便于施工人员对于构件位置的定位和距离的确定。

（1）测量尺寸：注释选项卡中的尺寸标注工具提供了测量各类尺寸的功能，包括长度，角度、直径和弧长等。或使用修改选项卡下的测量工具，也可以测量任意点之间的距离。标注的样式应按企业标准执行，如图 2-39、图 2-40 所示。

图 2-39　测量工具

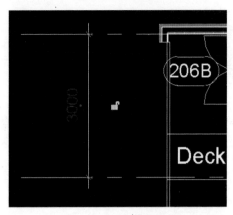

图 2-40 测量距离

（2）各种定位图：施工过程中为了保证建筑物空间位置的准确性，经常需要对一些构件进行定位工作，如门窗安装定位、设备安装定位等。BIM 软件的线型配合标注功能可以实现这一需求。图 2-41 所示为装配式构件的吊装定位方式和抹灰工程的尺寸定位方式。Revit 软件中的标记样式是由企业族库提供的统一标准的标记族，施工员根据使用要求对标记族进行放置即可。

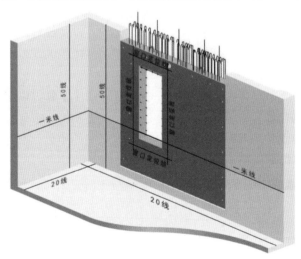

图 2-41 施工定位线

2.4　工程量复核

对于成本部提出的工程量指标应予以复查核对。在具体施工中应实时进行局部量化计算，以免造成材料浪费或延误工期。及时的记录更新模型和变更导致的工程量变化，并形成对比台账，配合做好现场经济技术签证，进行合理的成本控制及后期成本核算。

2.4.1　明细表的提取和输出

施工过程中若管理不善，容易造成大宗材料浪费严重，所以对于施工过程中材料的采购进度和周转应时刻关注。除了对整体项目的各种工程量充分了解之外，还应对每层、每个施工区域进行量化计算，需要时还应分类进行计算，如混凝土方量、钢筋吨位等（图 2-42、图 2-43）。BIM 软件为施工管理提供各种精细的工程量，方便施工过程中的管理，利于对材料的把控，减少材料的浪费。

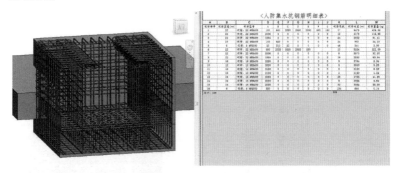

图 2-42　钢筋明细表

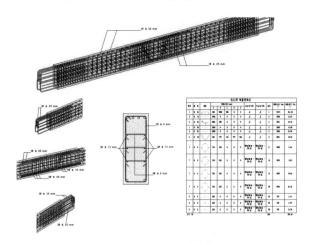

图 2-43　钢筋配料表

2.4.2　BIM 建模软件的数据互通性

　　BIM 建模软件的数据互通性可以方便地输出其他格式文件，进入专业计量软件进行精确计算或交付成本部进行计算。目前各种国产专业计量软件是以符合我国计量规则进行程序设计，管理人员可根据各自的专业需求选择合适的计量软件，达到计量的准确性和可靠性，如图 2-44 所示。

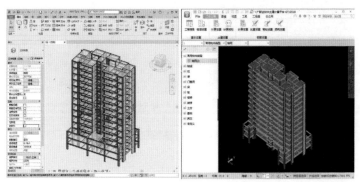

图 2-44　施工模型与算量模型

　　建筑业的革新是把大量重复性的劳动交给机械来完成，把大量重复性的计算交给计算机程序来完成。使用 BIM 技术的明细表功能对工程量进行提取和输出，并且可随时对施工材料进行量化计算。BIM 软件间的数据交互为计算提供便利条件，出量更为精准，确保成本控制与核算的可靠性。

2.5　划分施工段并进行建造模拟

正确划分施工区段，根据整体施工方案合理确定施工顺序，制订和调整施工进度计划并进行预施工模拟。制订施工资源需求计划，进行资源平衡计算，合理调配生产资源，进行 5D 模拟，以满足施工作业计划。

施工管理人员通过对施工段、流水节拍合理的规划，调整工期进度，考虑施工搭接，控制资源投入。将实施方案提交给项目部 BIM 技术员，BIM 技术员依照方案对模型进行深化模拟，还原真实施工场景，指导施工。

2.5.1　整体模型划分阶段

对整体模型进行划分阶段或者做成选择集，以方便验收批的划分、分阶段验收管理和阶段化交底。利用选择集可以很方便地根据需要进行施工模拟，如图 2-45 所示。

图 2-45　阶段划分

2.5.2　工期进度安排

用 Project 软件或者 P6 软件作出合理的进度安排，用于施工进度模拟。这两款软件都能够将进度计划通过图表的形式清晰明了的进行展示，施工管理人员可根据图表内容进行合理安排，如图 2-46 所示。

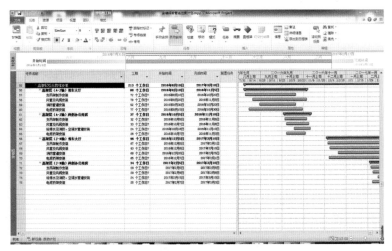

图 2-46　施工进度计划

2.5.3　工序穿插

对于工序较多、工期紧的项目，往往需要考虑穿插施工的进度安排，而一旦考虑了时间因素就容易导致时间上搭接不顺畅或者出现窝工现象，这种情况下进行 4D 施工模拟来检验工期安排的合理性显得尤为重要。在施工模拟的制作过程中，应根据项目的施工特点和施工工序的周期进度进行设计，检查组织施工的科学性、合理性，各项作业在空间上和时间上应搭配紧凑，减少窝工现象，最终缩短工期，如图 2-47 所示。

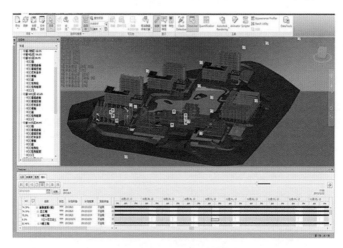

图 2-47　4D 施工模拟

2.5.4　资源调配

依据施工进度模拟和局部工程量数据进行链接，可以直观地反映某一时间点所需要的资源数量，轻松实现对局部和整体资源的调配。各时间点对应的资源消耗量随着进度变化而直观的展现出来，如图 2-48 所示。

图 2-48　5D 施工展示

2.6 施工现场平面布置与动态管理

对施工现场和生活区、办公区的平面布置进行动态管理，对施工机具、大型设备的布置进行合理性分析。对于机具和设备的位置确定，施工员需要考虑施工管理的便利性，所以有一定的话语权，如图 2-49 所示。本节涉及的部分内容可扫描右侧二维码观看。

图 2-49　施工现场平面布置

2.6.1　对施工现场的生产机具和加工场地进行合理排布

（1）钢筋加工棚位置应布置合理，便于钢筋的装卸和运输起吊。堆场和成品堆放的场地需硬化，地基承载力应符合要求。加工棚顶部必须设置防雨设施，防止钢筋淋雨生锈；同时兼具防护功能，悬挂警示标志，张贴安全标语，如图 2-50 所示。

（2）木工加工棚应位于下风口，置于起重机械的吊装半径范围内，方便装卸和吊运。应按规定配备灭火装置，满足承重、防雨要求，不得设置在低洼地带。防护棚顶部应严密铺设双层正交竹片脚手板或双层正交木板的水平硬质防护，并在四周张贴安全警示标志，如图 2-51 所示。

图 2-50　钢筋加工棚

图 2-51　木工棚

（3）混凝土搅拌机棚应布置在距离建筑物主体和垂直运输设备较近的位置，砂石和水泥的运输应便利。混凝土搅拌机的顶部应按规定设置防护棚，悬挂标识牌，如图 2-52 所示。

图 2-52　混凝土搅拌机位置

47

2.6.2　检查大型设备的布置是否合理

如塔吊的布置是否存在盲区，安装位置是否会与竖向构件碰撞，局部是否位于大梁等水平构件的受力薄弱部位。

（1）塔吊的布置应考虑起吊区域没有盲区，多台塔吊之间应避免碰撞。塔身在穿过地下室时应避开受力集中的大梁和集水坑等薄弱部位，如图 2-53 所示。

图 2-53　塔吊布置

（2）施工电梯的布置应合理，并应满足垂直运输的需要。主要考虑在主体结构以及安装和装饰装修施工阶段，作为作业人员的上、下以及砖石、砂浆和小型机械设备的垂直运输途径，如图 2-54 所示。

图 2-54　施工电梯布置

2.6.3　对办公区（包括生活区）进行合理排布

办公区和生活区等临时设施的搭建应有经审批的临时设施方案。

（1）办公区应与生活区分开设置并远离施工区域。办公区域应包括办公室、会议室、小型器具间、管理人员厕所、停车场、旗杆台等，如图 2-55 所示。

图 2-55　办公区布置

（2）生活区应集中设置，远离施工区域，并配备食堂、厕所、浴室和开水房。所用建筑材料应符合环保和消防要求。生活临时水电应齐全，其他配套设施应正常运转，如图 2-56 所示。

图 2-56　生活区布置

2.6.4 施工现场布局应实行动态管理，尽量减少中途拆除改道而造成浪费

（1）施工道路的布置应满足施工需要，强度及稳定性满足施工要求，并按要求达到消防部门对行车转弯半径的要求。在模型中加入时间参数，将各个施工阶段的工况尽可能的展示出来，把控好整体与局部的关系，尽可能的一次性把施工现场布局布置完美，减少二次或者多次的拆除重新布置，如图 2-57 所示。

图 2-57　施工道路布置

（2）临水临电的布置应符合规范要求，临时用电采用三相五线制保护系统供电，如图 2-58 所示。

图 2-58　临时用电布置

（3）围墙大门的设置应保证交通顺利。大门整体美观，高度应符合规范要求，门顶和两侧应张贴企业标志和相关标语，如图 2-59 所示。

图 2-59　围墙与大门的布置

2.7　施工质量控制点与质量交底

确定施工质量控制点，参与编制质量控制文件、实施质量交底。对施工作业的质量过程进行控制、识别、分析、处理施工质量缺陷。

2.7.1　利用 BIM 平台管理

利用 BIM 施工管理平台进行现场管理，检查发现并上传质量问题、反馈问题。可以通过拍照、文本记录等方式进行反馈质量和安全问题；通过二维码、芯片等手段监控进度问题。管理人员进行实时追踪并发布问题，平台接收到问题后发出预警，其他责任者接到通知后进行整改，整改完成后同样上传照片或者文本说明，发布问题的一方在线审批，形成闭合，如图 2-60 所示。

- 支持缩放、平移、旋转等基本操作
- 查看构件信息
- 视口保存
- 批注

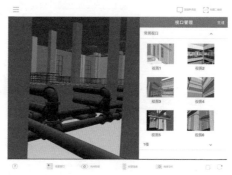

图 2-60　问题视图保存

2.7.2　各参与单位协同管理

在平台上发布最新动态，相关主体在线接收，在线回复，做到追溯问题有据可依，如图 2-61 所示。

图 2-61　二维码的应用

虽然上边提到的深化交底和按模验收也算是质量控制的一部分，但是目前国内大多数施工单位进行质量控制的手段多为使用施工管理平台进行协同管理，通过在线提出问题，在线验收闭合问题。不过施工管理平台目前也存在着很多无法解决的弊病，这一点在第 6 章将重点介绍。

2.8　安全防范管理

确定施工安全防范重点和危险源辨识，进行安全交底。参与职业健康安全与环境问题的调查分析，提出整改措施并监督落实。

2.8.1　检查模型中临边防护的设置是否合理和遗漏、安全标语的位置是否正确，是否遗漏，并与现场一一对应

（1）临边防护：施工现场所有临空高度在 2m 及以上的临边部位，如楼面、屋面周边，阳台、雨篷、挑檐边，坑、沟、槽周边等具有较大的高处坠落隐患，所以在以上部位进行临边作业时，应在临空一侧设置防护栏杆，并应采用密目式安全立网或工具式栏板封闭，如图 2-62 所示。

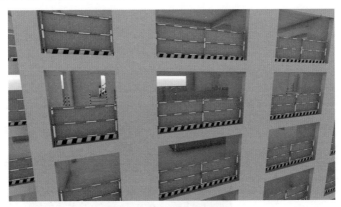

图 2-62　安全防护

（2）安全标语：规范施工现场各类安全标志、标语的设置，充分发挥安全标志、标语的告知、提醒、宣传等作用，如图 2-63 所示。

图 2-63 安全标语

2.8.2 检查外脚手架（包括斜道）模型是否符合规范并与现场对应，模板支架的模型是否按照专项方案布置，是否与施工现场一致

（1）外脚手架：搭设前应具备专项施工方案，经过审批后进行技术交底，相关人员签字后方可实施，如图 2-64 所示。

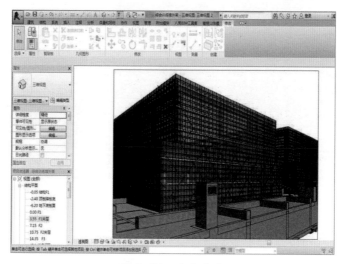

图 2-64 安全方案

（2）脚手架斜道：脚手架斜道是各类施工人员上下脚手架的通道，落地式脚手架应搭设人行斜道，如图 2-65 所示。

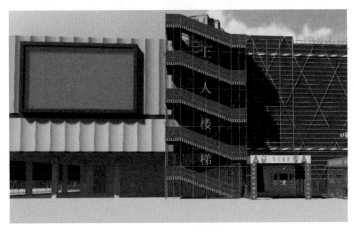

图 2-65　脚手架斜道

（3）模板支架：模板支架应按获批的专项施工方案搭设，立杆和水平杆的间距应符合要求，并按照规范要求设置竖向剪刀撑和水平剪刀撑，如图 2-66 所示。

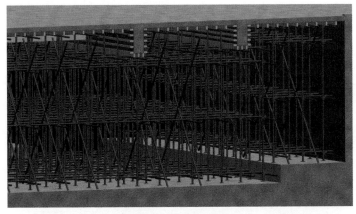

图 2-66　模板支架

2.9　施工资料管理

记录施工情况，编写施工日志等相关施工资料。利用专业软件对工程信息资料进行处理，并汇总、整理和移交施工资料。

2.9.1　模型的数据加载

施工过程信息不但对于以后事件的追溯起着至关重要的作用，而且对于企业的信息化建设有着重要的参考价值。BIM 技术的应用表面上看是为了避免重复创建模型从而减少工作量，而其实质是为了避免数据的前后不一致。施工 BIM 的核心价值是把前端数据顺利无阻的传递到施工现场的各个客户端而不受损，不失真。这里的客户端即是施工现场的每一位管理人员。在施工过程中又将产生新的过程数据。过程数据的上传为后续施工工序的信息获取提供了便利的同时，也保证了信息的一致性。所以施工过程信息是企业的宝贵资源，应当及时地上传和归类。这些信息包括：施工班组信息、工况信息、施工起止时间、验收意见及整改记录、构件的参数信息、生产厂家信息、各种检验和试验结果数据等，如图 2-67、图 2-68 所示。

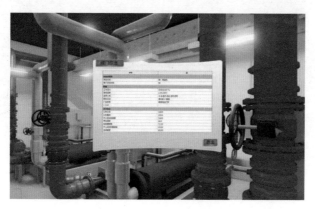

图 2-67　构件信息绑定

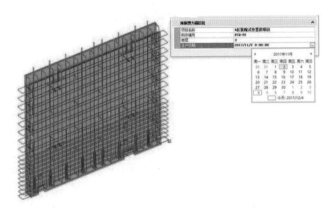

图 2-68　施工信息绑定

2.9.2　借助平台 BIM 软件记录施工过程信息

外业资料的处理除了传统方法以外，还可以借助于平台型 BIM 软件进行处理。使用平台进行填写并上传施工资料、施工日志、验收意见等。方便日后的问题追溯，各类数据的对比与分析，为施工企业对各类项目数据进行分析提供第一手资料，如图 2-69 所示。

图 2-69　表单数据汇总

施工员是施工现场工作最繁忙、管理事务最繁杂的，同时也是项目部管理人员中最庞大的一支队伍，是施工队伍的中坚力量。

这个队伍整体素质的高低将直接反映施工质量的好坏。施工企业信息化的发展最终将使得他们的管理水平整体提升，同时也对他们本身的知识体系提出了新的要求。在享受 BIM 技术给他们带来福利的同时，他们自身的知识结构也应进行相应的调整。但是作为一名专业施工员始终应保持持续对专业知识的学习和巩固，不可本末倒置。言下之意就是，不要忘了自己是做施工管理的，专业知识还没有掌握扎实，就去学习一大堆几年也学不完的软件，这是不科学的。用有限的精力学习急需的知识才是正道。现场一线的管理人员在学习软件方面一定要做到适可而止，够用即可，互相配合才符合当下互惠互利、合作共赢的互联网式发展规律。

第3章 测量员 BIM 技术应用

本书所指测量员是指在建筑工程或市政公用工程施工现场从事测量和管理的测量专业工作人员。负责工程从开工、施工、运营各个阶段的测量工作（图 3-1）。

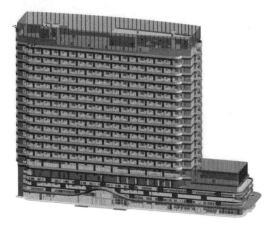

图 3-1 某医院模型

随着一个工程项目的开工，工程测量作业先行。测量员必须进行工程测量中控制点的选点和埋石，进行工程建设施工放样、工业与民用建筑的施工测量、建筑物形变测量等专项测量中的观测、记录，以及工程地形图的测绘，检验测量成果资料的整理，提供测量数据和测量图等。

3.1 地形测量

在工程初期，将拟建地区的现状（包括地形地貌）测出，其成果用数字符号表示或按照一定的比例缩小后绘制成地形图，作为平整场地和土方计量的原始依据。这项工作叫做地形测量或者地形测绘。本节涉及的部分操作可扫描右侧二维码观看。

3.1.1 实地踏勘与数字地形创建

BIM 技术的出现打破了传统方格网测量的禁锢，利用 BIM 技术的成模原理可以按照实际地形的变化决定测量点的疏密程度，测量任意地形点的数据，输入软件生成模型，从而尽可能地减小误差，如图 3-2、图 3-3 所示。

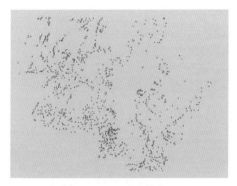

图 3-2　点数据文件

图 3-3　点数据生成的地形

3.1.2 等高线建模法

对于建设单位提供的等高线数据，或者利用无人机飞出来的等高线数据也可以快速的生成地形，如图 3-4、图 3-5 所示。

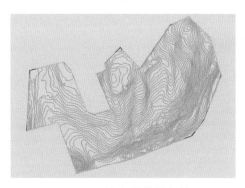

图 3-4　等高线数据文件

图 3-5　等高线生成的地形

3.1.3　场地平整测量（土方平衡），土石方计算

通过地形创建和基坑模型的创建，前后模型的差值即为土石方的工程量，如图 3-6 所示。对于大型、特大型的场地应进行土方平衡计算。

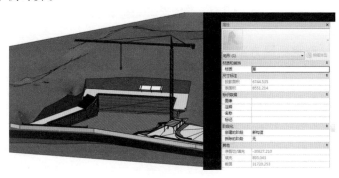

图 3-6　土方平衡计算

3.2 施工测量

在工程施工阶段，将设计模型按设计平面与高程，根据施工要求，通过测量手段和方法，用线条和桩点等可见标志，在现场标定出来，作为工程施工的依据，这项工作叫做施工测量或施工放线。

3.2.1 识图

对建筑物模型的整体标高、造型、地下室、屋顶进行充分了解，熟悉建筑物的坐标体系，大致布局，如图 3-7 所示。

图 3-7 整体模型标高关系

3.2.2 制定测量方案，绘制坐标略图

确定建筑物的坐标定位，进行轴线的加密及引桩。如图 3-8 所示为某博物馆项目的定位图，测量人员将建设单位提供的基准坐标原点引测至施工现场不易被触碰的位置，设置现场测量基准点，并加以保护。图中五角星位置的坐标值为基准点的坐标值。通过基准点在建筑物的合适位置放置定位点，设计坐标网络，设计测量方案。

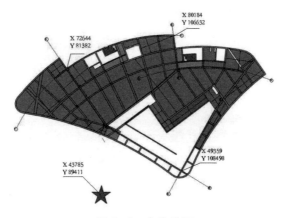

图 3-8　定位总图

3.2.3　水准测量

使用 BIM 软件可以方便的进行水准路线设计，建筑标高与绝对标高换算及标高引测，基础标高控制，墙柱模板线标高控制，抹灰施工标高控制，屋顶标高控制等工作。然后根据深化后的标高模型进行出图并打印出来带至施工现场使用（图 3-9、图 3-10）。BIM 软件中标记样式是由企业材质库提供统一标准的标记族，测量员只需将族文件直接载入到项目中，根据需求进行放置即可。

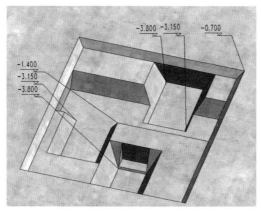

图 3-9　深基坑标高示意图

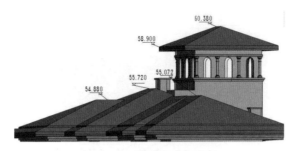

图 3-10　屋顶标高示意图

3.2.4　基础施工放样

　　坐标引测，计算基坑放坡开挖边线，开挖线放样，垫层放样，承台与柱基定位，如图 3-11、图 3-12 所示。

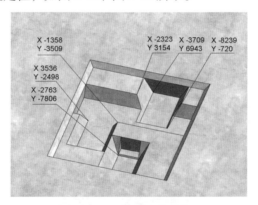

图 3-11　深基坑坐标值

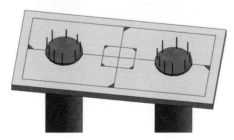

图 3-12　承台放样

3.2.5   主体施工放样

放样孔定位，内控点预埋，内控网方案制定，墙柱模板线放样，砌筑过程中的测量工作，放控制线等，如图 3-13、图 3-14 所示。

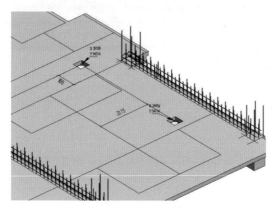

图 3-13   放样孔定位

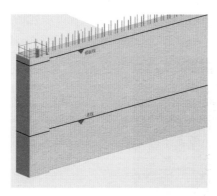

图 3-14   模板标高控制

3.2.6   装饰施工放样

抹灰过程中的测量工作，以及各种开关和插座的标高控制线，如图 3-15 所示。

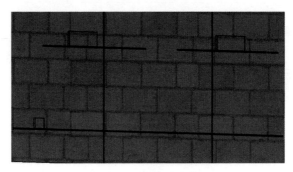

图 3-15　凿孔定位

3.2.7　变形测量

在工程施工和竣工后运营初期，为了保障工程的正常使用安全，需对在建建筑物以及工程周边道路、毗邻建筑的变形进行周期性监测，掌握变形量和变形趋势，为工程的稳定性、安全性分析提供基础数据，这项工作称做变形测量。

（1）沉降观测：沉降观测点的埋设与埋件制作应符合规范的要求，埋置的部位应按照设计要求布置，埋置的高度应合理，如图 3-16 所示。

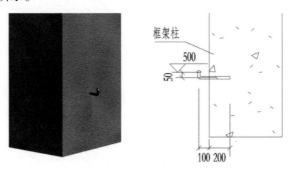

图 3-16　沉降观测点大样

沉降数据的记录，为了给以后的勘察、设计、施工和物业运营提供可靠的资料及相应的沉降参数，需要对观测成果进行整理和分析，如图 3-17 所示。

属性		建筑物沉降观测成果表　　表 2											
			第 1 次		第 2 次		第 3 次		第 4 次		第 5 次		第 6 次	
沉降观测点		观测点	2012/9/17		2012/10/7		2012/10/27		2012/11/16		2012/12/6		2012/12/26	
			沉降量/mm		沉降量/mm		沉降量/mm		沉降量/mm		沉降量/mm		沉降量/mm	
			本次	累计	本次	累计	本次	累计	本次	累计	本次	累计	本次	累计
		Q1	0.0	0.0	0.2	0.2	0.1	0.3	0.1	0.4	0.1	0.5	0.0	0.5
		Q2	0.0	0.0	0.3	0.3	0.0	0.3	0.1	0.4	0.1	0.5	0.0	0.5
		Q3	0.0	0.0	0.3	0.3	0.0	0.3	0.1	0.4	0.1	0.5	0.1	0.6
		Q4	0.0	0.0	0.3	0.3	0.1	0.4	0.1	0.5	0.1	0.6	0.0	0.6
		Q5	0.0	0.0	0.2	0.2	0.1	0.3	0.1	0.4	0.1	0.5	0.1	0.6
		Q6	0.0	0.0	0.2	0.2	0.1	0.3	0.1	0.4	0.1	0.5	0.0	0.5
		Q7	0.0	0.0	0.3	0.3	0.0	0.3	0.1	0.4	0.1	0.5	0.0	0.5
		Q8	0.0	0.0	0.2	0.2	0.1	0.3	0.1	0.4	0.1	0.5	0.0	0.5
		Q9	0.0	0.0	0.2	0.2	0.1	0.3	0.1	0.4	0.0	0.4	0.0	0.4

图 3-17　沉降观测数据

（2）变形测量：在建筑物四周的合理部位放置大角线。大角线既是控制建筑物空间位置的定位轴线，也是监控建筑物垂直度变形的依据。通俗地讲，就是布置在建筑物四个大角的控制轴线，如图 3-18 所示。

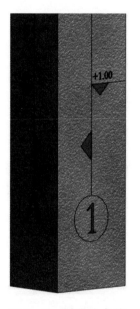

图 3-18　建筑大角线

3.3　机器人放样

BIM 放线机器人的出现，解决了用 BIM 模型直接指导施工放样的难题。它颠覆了 BIM 模型一定要转化成二维施工图纸才能进行现场施工放样的固有思想，大幅提高施工放线效率，减少人工成本投入，减少或避免人工干扰，有效的避免了因人为失误造成的返工窝工现象，直接为施工企业缩短工期带来更高的效益。下面以天宝 RTS 系列 BIM 放线机器人为例，阐述现场施工放样的操作流程。本节涉及的部分操作可扫描右侧二维码观看。

3.3.1　内业工作

现场放样前的准备工作：首先，将当天工作内容中要施工放样的点位进行选择。其中包括两个及两个以上的现场已知施工控制点，和当天工作要放样的现场放样点，如图 3-19 所示。

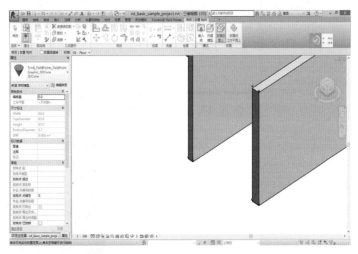

图 3-19　Revit 平台下选取放样点

　　然后，可以选择附带 CAD/Revit 背景方式下进行导出放样点的文件，导出文件拷贝至手簿，如图 3-20、图 3-21 所示。

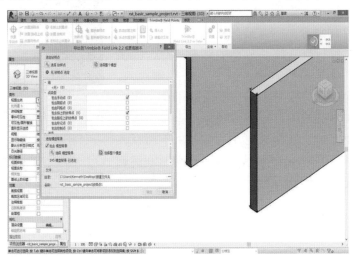

图 3-20　导出放样点文件

图 3-21　将导出的放样点文件拷贝至手簿

BIM 放线机器人可以支持 BIM 模型直接指导放线，包括 Revit、Tekla、SketchUp、AutoCAD 软件等主流 BIM 模型格式。也可以支持二维 CAD 格式及 CSV 格式。在 Revit、Tekla、SketchUp、AutoCAD 软件中都提供相应的取点插件，方便快捷批量取点操作，避免手动输入放样点坐标方式的易出错性，合理规避了人为干扰因素，提高内业工作的效率。如图 3-22 所示为手簿中三维模型的显示样式。

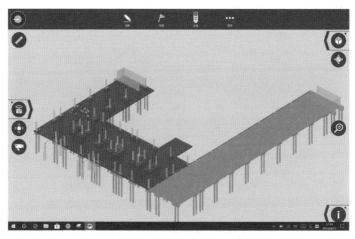

图 3-22　手簿中的三维模型

69

3.3.2 外业工作

（1）设站：将仪器带入工地后找到两个已知施工控制点 A 和控制点 B。

（2）后视点设站法：可以通过传统后视点设站的方式，在 A（或 B）点上架立仪器，然后后视 B（或 A）点，仪器会告诉提醒设站的精度是多少，如果在接受的范围以内就点击"接受"按钮，设站的工作就算完成了。

（3）后方交会设站法：可以在施工场地任意点 P 上架设仪器主机，在手簿中"任意位置设站"下依次照准 A 点和 B 点，【仪器假设点选择要满足 45°＜∠APB＜135°】软件就会自动计算出仪器架设点的坐标，并提示设站精度。设站工作完成，如图 3-23、图 3-24 所示。

后方交汇相比较后视法而言，可以节省一个仪器对中的步骤，且可以在任意区域设置测站点 P，只要保证设站点与后方交会的控制点通视且满足角度要求，仪器即可通过后方交汇原理自动计算出 P 点坐标，给仪器架设位置提供了很大的选择空间。

（4）放样：在设站结束后即可打开放样界面，选择放样点、线或者工作弧，如图 3-25 所示。

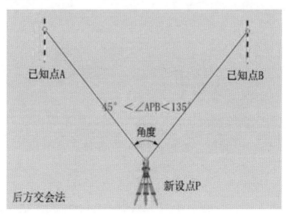

图 3-23　后方交会任意位置快速设站

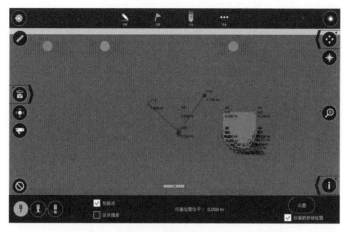

图 3-24　对控制点照准进行后方交会设站

图 3-25　放样点位列表显示

在放样界面中，可以在三维视图里点击模型上的放样点进行放样，也可通过放样点列表对点位进行信息查看和选取。

点的放样有两种形式，激光模式放样和棱镜模式放样。机电管线室内放样（光线不强可看到激光点的环境下）可采用激光模式。通过单击内业中选取好的点，然后单击"照准"命令，仪器会自动在建筑物中用激光放射出一个点，该点就是设计放样点在

71

实际建筑上的位置。

室外放样（光线强烈，不能直接观察到红外点的环境下）可采用棱镜模式。确保仪器锁定棱镜后，选择需要放样的点位。在点列表里或者三维视图中选择放样点，屏幕上就会出现导航，提示棱镜当前位置到放样点应该如何移动，如图 3-26 所示。

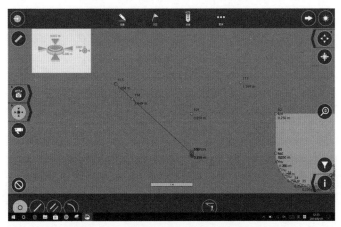

图 3-26　设计点快速放样及放样精度

当操作者靠近拟放样点 1m 的时候，界面的左上角就会出现 5 个指向箭头，指引操作人员精确调整棱镜位置。

当棱镜到达放样点位时，方向指示变成绿色，此时点击"放样"按钮。棱镜杆杆尖所指的点位即为所测放样点，然后依次放样所需点。

（5）测量工具校核模型坐标：有些建筑工程在施工过程中因为操作不当可能造成局部偏位的现象，为了不至于造成累积偏差，可以针对施工完成的关键部位进行校核，及早发现偏差部位和偏差值，及时提出修正方案。对于这种情况可以使用测量工具，对已完工的建筑特征点进行坐标采集。首先将仪器目镜十字丝对准特征点，然后点击手簿上的测量工具，即可将点位及现场照片保存下来，如图 3-27 所示。

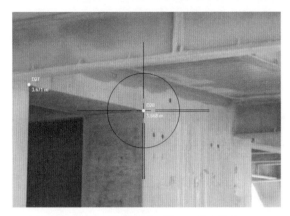

图 3-27　放样点位测量及照片保存

　　然后通过安装在 BIM 软件上的插件，将测得的实际施工点位逆向导入回 BIM 模型，以实际施工的坐标对 BIM 模型进行更新，如图 3-28 所示。

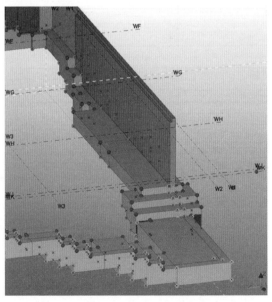

图 3-28　实测点位逆向导入模型作参考

（6）日常工作汇总：在不增加现场测量人员工作量的前提下，为了方便管理人员对于测量工程师更好的进行工作管理和放样精度审核。一天工作结束后，可以通过软件中一键导出"日常工作汇总"的功能，对一天的工作进行总结。导出内容包含操作人的信息、工作时间、工作效率、每个放样点位的偏差、所有点位的偏差率等，为测量员编制施工日志和测量资料的管理带来了极大的便利性，如图 3-29 所示。

Trimble Field Link

日常放样汇总

报告创建日期	Friday, January 24, 2014
时间	1:29:05 PM
放样日期	Friday, January 24, 2014
承包商	
操作人	
任务名称	Group1

放样阶段1

第一个放样点	1016, 1:17 PM
最后一个放样点	1014, 1:22 PM
已放样点数目	8
放样时间	0 hours, 6 minutes
每小时点数（平均）	80

总结

已放样的总点数	8
总放样时间	0 hours, 6 minutes
每小时放样的点数	80
点的水平误差范围	7, 88 %
点的垂直误差范围	6, 75 %

除放样时间外，闲置时间超过15分钟或更多。

点名	描述	ΔH	ΔV
1016		0.000 m	0.002 m
1019		0.005 m	0.003 m
1025		0.004 m	-0.003 m
1023		0.002 m	-0.001 m
1022		0.005 m	-0.004 m
1015		0.006 m	-0.008 m
1017		0.004 m	-0.005 m
1014		0.007 m	-0.010 m

图 3-29　日常放样汇总报告

第4章 质量员 BIM 技术应用

本书所指的质量员是指在建筑工程与市政公用工程施工现场，从事施工质量策划、过程控制、检查、监督、验收等工作的专业人员，有些地方也称为质检员。质量员通常关注的是质量控制点，其日常工作通常以质量检查为主线来开展工作。通过对施工现场的巡视，重点部位的质量跟踪，对复杂部位或工艺进行质量交底来达到质检的目的。本章将着重围绕着施工现场经常出现的质量通病展开描述，从业人员可以根据本章的知识利用 BIM 技术从事技术指导和验收标准的策划，同时对于项目 QC 小组的评审可带来较大的帮助。

4.1 识读模型与质量交底

4.1.1 识读模型

识读设计院提供的，或经过本单位优化后的模型，熟悉本项目拟采用的施工工艺和工法，对施工方案进行审查。熟悉本项目的建筑构造、建筑结构和建筑设备的基本概况，进行施工质量策划。编写质量控制措施等质量控制文件，并进行质量交底，如图 4-1 所示。

图 4-1 某博物馆模型

4.1.2　质量交底

本章用了大量的篇幅对施工过程中的质量控制点进行了描述，对于这些内容涉及的模型，在具体实施方面可以通过以下三条技术路线来实现：

（1）对于可以批量生成的构件，可根据工作需求找到合适的插件或者自行开发小插件（随着 BIM 技术应用的不断深入，企业自主进行简单的插件开发将逐步成为常态），快速生成子模型，并与主模型进行关联，主模型有变更时，子模型应能够随之更新。例如，对于结构模型，可以用一键生成的命令来快速创建出一个拉墙筋的子模型，此模型可以用来进行技术交底和作为算量的依据，同时作为质量验收标准和依据。

（2）对于没有必要进行完整建模又有着一定的技术要求的施工工艺，可以做成样板模型，加上文字说明或者视频讲解，并列出使用条件和场景、注意事项和验收标准等，即可形成工艺标准，用于技术交底并作为验收标准。此样板模型经过多项目验证成功后，通过企业验收可以作为企业标准进入企业知识库。例如抹灰工程的灰饼和冲筋的做法，没有单独计量的价值，所以对于一个项目来说没有完整建模的需求，此时只需要针对各种形式的墙体分别进行样板模型创建即可，如带门洞的、带窗口的墙体等。

（3）对于技术含量不高又没有完整建模必要但是有计量需求的工艺或做法，除了做样板模型用于交底外，可以在模型的构件属性栏添加属性值，并附上做法，设置计量依据。同时在明细表样板中添加该项内容的数量栏，如混凝土构件的保护层就可以采用这种方式。在混凝土构件的属性栏添加保护层，根据不同的构件形式设置计量规则，矩形柱可与柱子高度关联，每米 8个；混凝土楼板可与面积关联，设置每平方米的个数，其他形式视具体情况设置。这样在模型创建完成后该构件的数量将会自动出现在明细表中，当模型产生变更时该数量值会随之自动产生变化。

从以上内容可以看出，模型的精细程度与终端需求有关，应针对终端（管理人员）需要的数据有目的的创建子模型。关于模型架构的设计和模型文件夹的层级设置详见第 6 章。

4.2　确定施工质量控制点

进行工序质量检查和关键工序、特殊工序的旁站检查，进行工程质量检查、验收、评定和技术复核，制定质量通病预防和纠正措施，监督质量缺陷的处理。下面针对建筑工程中一些常见的质量通病和质量控制点进行描述，以此达到抛砖引玉的效果。从业人员可以按照相应的思路进行拓展。

4.2.1　模板工程质量通病的防治

（1）轴线偏位防治措施：墙、柱模板根部可采用焊接钢件限位，以保证墙、柱底部定位准确（图 4-2）。支模时要拉水平、竖向通线，并用墨线弹出竖向总垂直度控制线，以保证模板的水平、竖向位置准确，如图 4-3 所示。吊线时，模板垂直线与线锤重合即为垂直，前两者与楼板面弹出的控制线重合方为准确。

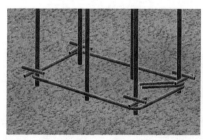

图 4-2　柱脚焊接短钢筋定位模板　　图 4-3　模板垂直控制线

（2）模板变形防治措施：梁底支撑的搭设应按规范规定和专项施工方案执行，其间距应能保证在混凝土重量和施工荷载的作用下不产生变形，如图 4-4 所示。

墙、柱模板的深度超过规定尺寸应设对拉螺杆，对拉螺杆的间距应按设计规定设置，对拉螺杆应垂直于模板表面，否则受力后将发生错动而失去作用，如图 4-5 所示。

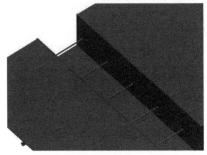

图 4-4　梁底支撑　　　图 4-5　梁腹板设对拉螺栓

（3）标高偏差防治措施：模板安装时应在其顶部设置标高标记，严格按标记施工，将标高偏差控制在规定范围内，并应在一整层模板全部搭设完毕后进行复查，如图 4-6 所示。

（4）模板接缝不严防治措施：边柱的外侧模板下口应伸入该层楼板面以下 5cm，以便其夹紧下段混凝土，从而防止可能出现的漏浆现象，如图 4-7 所示。

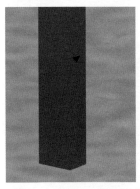
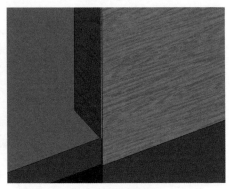

图 4-6　模板标高控制点　　图 4-7　柱模板悬空一侧向下延伸

4.2.2　钢筋工程质量通病的防治

（1）预防钢筋加工制作缺陷的措施：钢筋弯曲成型时，应严格按照规范操作，钢筋的弯曲直径、弯钩的锚固长度必须符合规范要求，如图 4-8 所示。

（2）墙、柱主筋偏位防治措施：墙、柱是建筑物重要的受力构件，浇筑成型后不得出现漏筋和偏位的现象，可采用预制水泥砂浆垫块垫在钢筋四角，紧贴模板垫实，如图 4-9 所示。

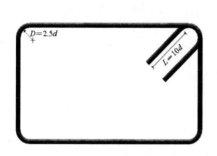

图 4-8　箍筋制作标准　　　　图 4-9　柱保护层设置

柱子钢筋向上伸出的部分应另加一道临时箍筋，用减去四周保护层的卡具固定柱筋；墙板筋在双层筋之间设置拉钩钢筋，用以保证双层筋之间的距离，在模板上口应加设一道水平筋，并用电焊加以固定，如图 4-10 所示。

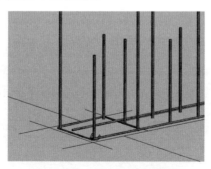

图 4-10　墙柱上部加固筋

（3）钢筋混凝土保护层厚度偏差防治措施：

产生原因：垫块、马凳规格不符合设计要求，数量设置不足，设置的位置不符合要求。

防治措施：楼板的底板钢筋保护层垫块应设置在纵横钢筋交叉处，垫块厚度为保护层厚度，纵横向间距不应大于 600mm。固定板面负筋的马凳支架的钢筋直径不应小于 $\phi 6$mm，马凳应搁置在板底筋上面，与上下排钢筋绑扎牢固，不得与模板直接接触，如图 4-11 所示。

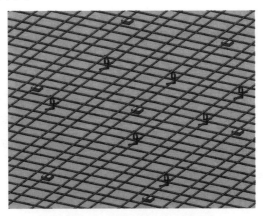

图 4-11　板面负筋下设置马凳

板内预埋线管应穿在上层的负筋之下、底层钢筋之上，如线管穿过单层配筋处，应沿线管的铺设方向增设钢筋网片予以加固，如图 4-12 所示。

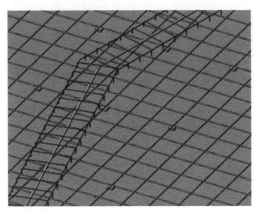

图 4-12　单层配筋管线处设置钢筋网

4.2.3　混凝土工程质量通病的防治

（1）墙柱底部缺陷（烂脚）。

产生原因：模板下口缝隙不严密，导致浇筑混凝土时水泥浆漏出；或浇筑前没有先浇筑足够 50mm 厚以上水泥砂浆。

防治措施：当模板缝隙宽度超过 2.5mm 时，可使用干硬性砂浆予以填塞严密，特别要防止侧板吊脚；浇筑混凝土前先浇足 50 ～ 100mm 厚的水泥砂浆；检查模板加固情况，不得出现松动现象，如图 4-13 所示。

（2）混凝土构件的轴线、标高等几何尺寸偏差：

主体结构混凝土施工阶段，应根据施工进度及时弹出标高和轴线的控制线，控制线标识清晰。模板支架搭设完成后，应对模板的标高和平整度进行复核，如图 4-14 所示。

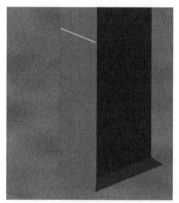
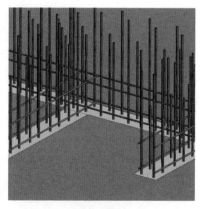

图 4-13　柱脚用砂浆封堵　　　图 4-14　控制混凝土板面标高

装饰装修分部工程在施工前，应在柱、墙上弹出水平控制线，以便精确控制门窗洞口标高、地面标高和天棚顶部标高，如图 4-15 所示。

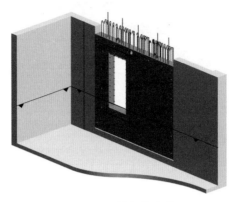

图 4-15　抹灰控制线

4.2.4　地下室防水工程质量通病的防治

混凝土裂缝、渗水。

产生原因：施工时未考虑混凝土内外温差影响，固定模板的穿墙螺栓未使用止水环或止水环损坏，混凝土未分层浇筑，振捣不够密实，在混凝土初凝前未进行二次收光，淋水养护不及时或养护时间不足。

防治措施：混凝土浇筑前应制定浇筑方案，浇筑时应分层分段浇筑；为固定模板而从墙体穿过的螺栓应加焊止水环。拆模后，将外露的螺栓凿除，留下的凹槽封堵密实，并在迎水面涂刷防水涂料等防水材料，如图 4-16、图 4-17 所示。

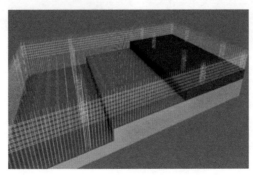

图 4-16　分层分段浇筑混凝土

图 4-17　止水螺杆

4.2.5　砌体工程质量通病的防治

（1）砌块排列和组砌方法不正确、灰缝不饱满。

产生原因：墙体在砌筑前未进行排版，砂浆没有良好的和易性、保水性，一次性铺浆长度过长。

防治措施：砌筑前，应根据建筑物平面和墙体情况进行砌块排版，尽量采用主规格砌筑，上下皮砌块错缝搭砌，纵横墙交错搭砌，以保证砌体的强度和整体性。砌块上下皮错缝搭砌的长度控制在不小于砌块高度的 1/3，对于蒸压加气混凝土砌块不应小于90mm，如个别排列不开，无法满足搭砌长度要求的，应按规定在水平灰缝内放置拉结筋或钢筋网片，如图 4-18 所示。

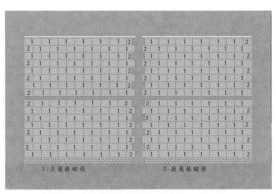

图 4-18　砌体排布

（2）砌体裂缝。

防治措施：

1）凡钢筋混凝土柱、墙与砌体填充墙连接处须设拉结筋，以 $2\phi6@500$ 间距沿柱、墙布置。

2）宽度大于 300mm 的预留洞口应设钢筋混凝土过梁，并且伸入每边墙体的长度不应小于 250mm。墙体材料为加气混凝土砌块时，过梁伸入墙体长度不应小于 300mm，且其支承面下应设置混凝土梁垫。

3）砌体墙与混凝土构件交界处，抹灰前应加铺 300mm 宽（缝居中）的钢丝网，并绷紧钉牢，如图 4-19 ～图 4-21 所示。

 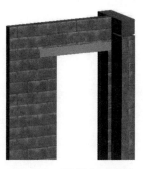 

图 4-19　拉墙筋　　图 4-20　混凝土过梁伸　　图 4-21　不同材质的

　　　　　　　　　　　　　　　入墙体　　　　　　　　构件交界处加固

4.2.6　楼地面工程质量通病的防治

卫生间、厨房间楼地面渗漏

产生原因：房间四周的混凝土翻边未与楼板同时浇筑或翻边高度不足，预留洞口、管道周边未按要求进行处理，地漏设置过高，防水层施工前基层未清理干净。

防治措施：1）厨房与卫生间四周应设置混凝土翻边并与楼板同时浇筑。2）给水排水管道穿越楼面时，应预埋止水套管。3）楼地面排水坡度宜为 2‰。地漏要比周边楼地面低 5mm。4）防水层施工前，应先将楼板四周清理干净，楼板与墙面交界的阴角处粉成小圆弧，如图 4-22 ～图 4-24 所示。

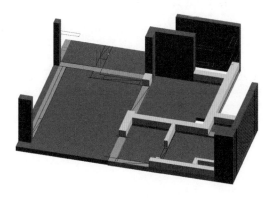

图 4-22　混凝土翻边

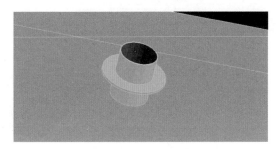

图 4-23　止水套管

图 4-24　楼板与墙面交界处粉成小圆弧

4.2.7 装饰、装修工程质量通病的防治

（1）外墙抹灰空鼓、裂缝、渗水、脱落。

产生原因：墙体及混凝土的基层未清理、处理到位，抹灰前浇水湿润度不足，外窗台、腰线等部位抹灰坡度过小，滴水线做法不符合要求。

防治措施：外窗台、腰线、外挑板等部位应抹出不小于 5% 的排水坡度，且靠墙体根部处应抹成圆角；滴水线宽度宜为 20mm，厚度不小于 12mm，且应抹成鹰嘴式，如图 4-25 所示，右侧为老鹰嘴大样。

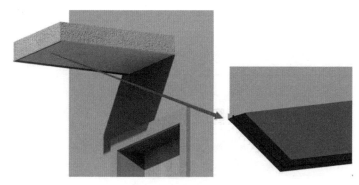

图 4-25　滴水做法

（2）抹灰后开间尺寸不准。

产生原因：砌筑时轴线产生错位，或者依照混凝土构件的外边砌筑导致砌体偏位。而抹灰工常规的工作程序是基本不带图纸和计算开间尺寸的，做灰饼时一般根据靠尺显示的垂直度情况直接对不平整部分进行平均处理，最终得出 15～20mm 的抹灰厚度，然后拉线调整套方即可开始做灰饼，如此下来就有可能造成抹灰成活后房间开间产生的偏差超出规范允许值。究其原因是没有现成的开间尺寸标注的图纸。

防治措施：利用 BIM 模型导出抹灰定位尺寸图纸交给施工班组，抹灰工人直接对着单一的抹灰尺寸进行施工，无需计算，既

简单又不会出现错误，发现偏位严重或者垂直度偏差超出规范的时候可以报告给管理人员要求砌体返工或修补。具体做法是把砌体模型复制出来另存为子模型，具体构造层保存为抹灰层，然后单独对该模型进行尺寸定位即可。图 4-26 所示是模型导出的抹灰定位尺寸。

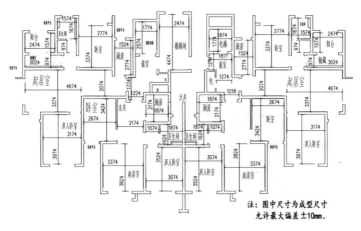

注：图中尺寸为成型尺寸
允许最大偏差±10mm。

图 4-26　抹灰定位图纸

（3）门窗变形、渗漏。

产生原因：门窗安装前没有对预留洞口尺寸进行复核，窗框固定点间距过大，窗框与洞口缝隙发泡剂填充不密实，密封胶打胶不到位。

防治措施：门窗安装固定点的间距不大于 500mm，距离转角处不超过 180mm。不得采用长脚膨胀螺栓穿透型材固定门窗框。门窗框与洞口之间的缝隙应清理干净后填充发泡剂，一次成形。如图 4-27 所示。

图 4-27　窗框四周填发泡剂

4.2.8　安全防护工程质量通病的防治

栏杆高度，临空高度在 24m 以下时，栏杆高度不应低于 1.05m，临空高度在 24m 及 24m 以上（包括中、高层住宅）时，栏杆高度不应低于 1.10m。竖杆间距、防护栏杆的栏杆垂直净间距不应大于 0.11m，如图 4-28 所示。

图 4-28　栏杆做法

4.2.9　给水排水安装工程质量通病的防治

（1）给水安装部分：管道穿过墙壁或楼板，应设置钢套管，套管高出楼地面 50mm，且必须采取防水措施，如图 4-29 所示。

图 4-29　管道穿墙

（2）排水管道安装：对有严格防水要求的建筑物必须采用柔性防水套管，底层排水管引出墙外，基础要夯实，并要有垫层，特别是接头处要有水泥支撑，如图 4-30 所示。所有穿楼板立管必须设置金属或塑料套管，禁止用镀锌薄钢板做套管，穿楼板立管的周围应做一个宽 50mm、高 50mm 水泥保护墩头，如图 4-31 所示。

图 4-30　管道接头设支墩

图 4-31　穿墙立管设保护墩头

（3）立管安装要求：当楼层高度小于 4m 时，可设置一个支架（管箍），支架高度设在 1.8m 处；当楼层高度大于 4m 时，应设置两个支架，均匀设置，如图 4-32 所示。

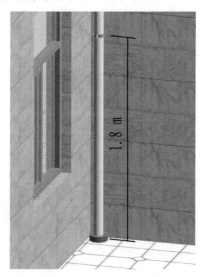

图 4-32　立管支架设置

（4）排水横管要求：排水横管接入立管的三通中心应设置在距顶板不小于 250mm 处（三通中），坡度符合设计要求，严禁倒坡。横管接有大于三个排水点的端头配件应带有检查口，如图 4-33 所示。

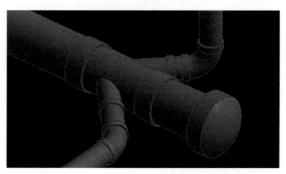

图 4-33　三通中心

4.2.10　电气安装工程质量通病的防治

（1）配管及管内穿线工程：导线规格型号必须符合设计要求，所有线径大于 2.5mm^2，按导线外皮颜色分：黄—A 相；绿—B 相；红—C 相；浅蓝色—N 线；黄／绿双色—PE 线，如图 4-34 所示。

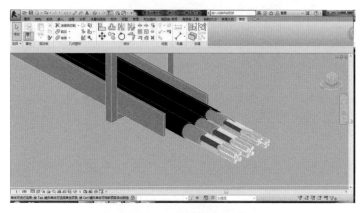

图 4-34　导线颜色区分

（2）配电箱安装：安装高度（距所在地坪）：单元电表箱底面为 1.3m，户内开关箱底面为 1.8m，箱体四周与墙面不应有明显间隙，安装垂直度，偏差小于 1.5mm，如图 4-35 所示。

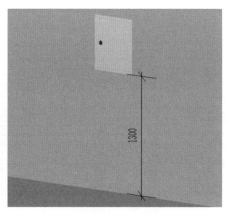

图 4-35　配电箱

（3）避雷针（网）及接地装置安装：接地装置必须在地面以上按设计要求设置测试点，接地测试卡箱按设计要求统一制作，安装高度距地面标高 1.8m，外边距墙外侧统一要求为 0.35m，箱面板上接地标志清晰，如图 4-36 所示。

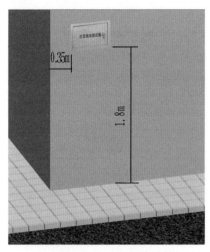

图 4-36　接地测试卡箱

屋面避雷针的安装距离应均匀设置，在每一直线段的间距宜为 1m，在直角、转弯处应对称，一般为 0.5m，做到针高一致，三点一线，如图 4-37 所示。

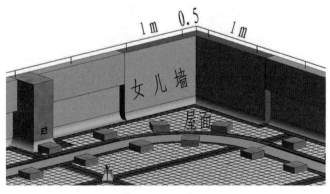

图 4-37　屋面避雷针

4.2.11　通风安装工程质量通病的防治

（1）防火阀安装方向、位置应正确；防火阀直径或边长尺寸大于等于 630mm 时，宜设独立支吊架。防火分区隔墙两侧的防火阀距离墙表面不应大于 200mm，如图 4-38 所示。

图 4-38　防火阀

（2）风管安装支吊架时应符合下列规定：风管水平安装，直径或长边尺寸小于等于 400mm 时，间距不应大于 4m；风管尺寸大于 400mm 时，不应大于 3m。支吊架不宜设置在风口、阀门、检查门及自控机构处，离风口或插接管的距离不宜小于 200mm，如图 4-39 所示。

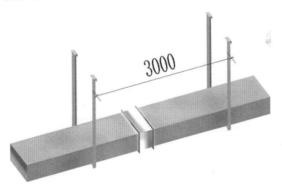

图 4-39　风管支吊架

4.3 施工样板与专业深化

质量员应做好样板引路工作，施工样板是作为现场施工质量控制的一个基础。在施工过程中必须采取样板先行、样板引路的方针，通过施工样板的制作，直观地将现场工艺做法及要求反映出来，弥补文字性技术交底的局限性。通过样板的展示，项目部对班组、施工工人进行技术交底，了解项目自身要求，直观的传达项目质量管理目标。

4.3.1 虚拟施工样板

工程质量样板引路是工程施工项目质量管理的一项有效措施。样板施工应在现场开始大面积施工前完成，并将各部位构件做法详细标注在构件上，如楼面墙体内管线走向、板厚、混凝土强度、砌体砂浆强度、楼层净高等，在样板完成后，应及时组织验收。

使用 BIM 软件创建的虚拟样板可以解决材料浪费的困扰。近年来在有些施工项目上出现一个有趣的现象，施工单位为了"完成任务"而采购成品施工样板，这是极其不负责任的做法。首先，这类生产样板房的厂家不可能针对每一种工艺工法和要求生产或者定制；其次，施工现场的建筑材料性能的不同也可能导致最终的效果不尽相同；另外，样板房应针对本项目团队的一贯做法进行施工，应尽可能的反映本企业的施工特色和本项目施工班组的真实的技术实力。如果使用虚拟样板即可完美的解决以上问题，既解决了多次使用的问题，同时也可以针对性地进行交底，对于局部施工条件不允许的部位变更起来也很方便，成本更节约。图 4-40、图 4-41 所示为屋面防水节点做法和混凝土柱子做法的虚拟施工样板。

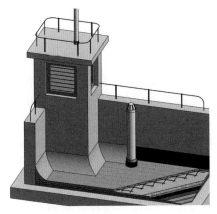

图 4-40　屋面防水做法

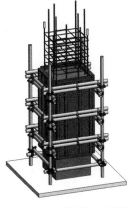

图 4-41　混凝土柱子做法

4.3.2　专业深化

对于一些特殊的构造，本企业 BIM 中心或现场的 BIM 技术员无法完成的任务，可以要求专业分包队伍进行深化，如幕墙专业、钢结构专业的样板制作。在专业分包单位进行深化前，总包单位应将本企业的 BIM 技术体系和各种标准对分包单位的 BIM 团队进行交底，尽可能做到有效的衔接。图 4-42 所示为某高铁站屋面防坠落系统的局部深化模型样板。

图 4-42　防坠落系统深化

4.4 施工质量资料管理

核查进场材料、设备的质量保证资料，监督进场材料的抽样复验。了解本项目施工试验的内容、方法和判定标准。监督、跟踪施工试验。对施工质量进行跟踪检查，记录，收集、汇总质量检查数据，进行整理、编制和移交质量资料。

4.4.1 进场材料、设备的质保单检查

进场材料、设备质保单应该由材料员或者资料员录入系统，质量员直接查阅这些资料并进行核验，如图 4-43 所示。

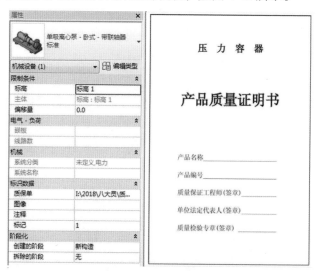

图 4-43 设备质保单

4.4.2 进场材料的抽样试验

进场材料需要进行抽样试验，抽样数量及标准按照规范执行，试验室提供的试验结果可以与相对应的构件进行链接或者直接加载。企业配备了平台软件的也可以上传至平台。图 4-44 所示为试

验报告直接加载至 Revit 软件中。

图 4-44　材料试验报告

　　工程试验的方法和判定按照规范执行，质量员应跟踪施工中的各种试验，对试验结果数据负责。其结果数据直接录入数据库或者平台类软件，也可以考虑与模型挂接，供其他管理人员及其他参与方查阅。

第5章　安全员 BIM 技术应用

本书所指的安全员是指在建筑工程与市政公用工程施工现场，从事施工安全策划、检查、监督等工作的专业技术人员。其工作内容有些部分与施工员章节的内容有所重叠，但作为管理人员应该清楚地知道自己的工作重点，施工员在安全方面重点关注的是安全设施是否影响施工，而安全员重点关注的内容则是安全设施是否符合规范的要求，并按照本企业的安全文明施工标准进行施工。

5.1　简单读懂 BIM 模型

熟悉建筑构造、建筑结构和建筑设备的基本情况，对于危险源的所在和施工过程中可能发生的安全问题做到心中有数。作为一名专业安全员，应当具备最起码的素质，那就是不管面对何种结构物要能够迅速的辨识危险源的存在，以及可能出现事故的风险部位，如中庭部位悬空、深基坑坡顶悬空、电梯井口和楼梯口、室外临空部位（图 5-1 ~图 5-4）。

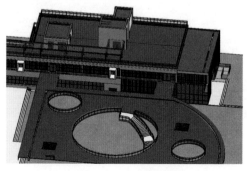

图 5-1　中庭部位悬空

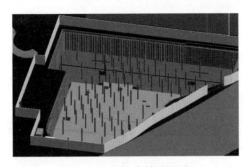

图 5-2   深基坑坡顶悬空

图 5-3   电梯井口和楼梯口

图 5-4   室外临空

　　安全员可利用 BIM 软件的可视化特点直观地浏览安全模型，对于安全隐患部位应进行标注并保留该部位的视口，对风险源进行描述，附上解决方案和安全管理责任人名单及联系方式。最后还应根据风险源等级分别标记，形成风险源台账，对于重点隐患部位重点监控。

5.2 施工现场安全条件检查

安全员应对施工现场的施工机械、临时用电、消防设施等进行安全检查。评估现有条件是否满足安全施工的基本要求，以及项目文明工地、绿色施工管理条件是否达标。运用 BIM 技术进行安全管理的思路是：开工前对场地布置模型和主体部分的安全围护模型、模板脚手架等模型进行审查，发现不合理部位及时要求现场的 BIM 技术员进行改进和更新，这里建议施工单位增加一道审批流程（其他章节涉及模型审批的也需要增加审批流程）。施工现场按照获批的模型进行施工，安全员根据模型进行安全交底和验收。施工过程中发现有新的安全风险应及时的反馈至 BIM 技术员进行更新或者自行优化和更新。

5.2.1 施工组织设计要有安全、消防措施及施工现场总平面布置图

施工现场实行区域化管理，将施工作业区与生活区、办公区分开设置。工地大门口、临时办公区、生活区均应配置不少于一套集中消防架，如图 5-5 所示。

图 5-5 消防架

5.2.2 施工现场应创造条件实行封闭式管理

在作业区域范围内设置郊区高度不低于 1.8m，市区高度不低

于 2.5m 的临时围挡沿工地四周连续布置，并设置固定的出入口，在明显位置悬挂各种标语，设置七牌二图，如图5-6、图5-7所示。

图 5-6　工地大门

图 5-7　七牌二图

为了保证城市道路的整洁，工地施工车辆不得将泥土带出场外，所以在工地出入口必须设置车辆清洗设施。施工作业一定范围的区域内禁止吸烟，工地现场应避开作业区在合适的位置设置吸烟室和茶水亭，吸烟人员必须到吸烟室吸烟以及饮水，如图5-8、图5-9所示。

图 5-8　洗车池

图 5-9　吸烟处

5.2.3　进入现场的物料必须按照施工总平面图规定的位置按品种、分规格进行堆放，做到有序、整齐

黄砂、石子等细骨料应砌筑专用的池子进行存放。各种材料堆场之间的距离应满足运输的需要，材料堆场旁边应设置明显的标志，不得倾倒，如图 5-10 所示。

图 5-10　材料堆场

5.2.4　各临边、洞口、作业面等部位必须防护到位

所有通道、楼梯间必须设置两道防护栏杆，电梯井口应设置防护门，电梯井内沿高度方向每隔 10m 应设置一道水平防护网或防护板。所有通道口及临边侧面应设置高度不低于 1.2m 的防护栏杆。行人通道的上部应设置两层硬质防护。以上防护不得随意拆除，如图 5-11 ～图 5-13 所示。

图 5-11　临空部位防护

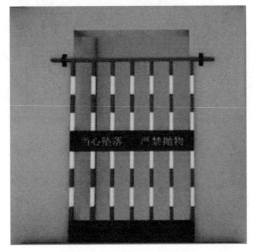

图 5-12　电梯井口防护

图 5-13　通道两侧防护

5.2.5 垂直运输设备与主体结构之间的连接应可靠，底部的加固措施应验收合格方可进行设备安装

设备的安装应符合强制性规定：塔式起重机附墙杆件的布置和间隔，应符合说明书的规定。在塔式起重机未拆卸至允许悬臂高度前，严禁拆卸附墙杆件，如图 5-14 所示。

图 5-14　施工塔吊与附墙

塔吊附墙的安装、顶升加节必须由取得专业资质的安装施工队伍完成。同一道附着装置上的各拉杆应安装在同一水平面内。附墙的选用应经过计算确定，固定应牢靠，如图 5-15 所示。

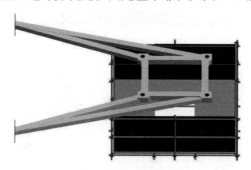

图 5-15　塔吊附墙节点

施工升降机导轨架随接高标准节的同时，必须按说明书的规定进行附墙连接，附墙架的间距应符合规定。导轨架顶部的悬臂

部分不得超过说明书规定的高度。施工升降机的顶部应安装限位器，如图 5-16、图 5-17 所示。

图 5-16　施工升降机与附墙　　图 5-17　施工升降机附墙节点

施工电梯的基础必须能够承受工作状态和非工作状态下的最大载荷，并应满足其稳定性的要求。施工电梯安装在地下室顶板上的，应在地下室顶板的底部予以加固，加固方案应经过计算确定，如图 5-18 所示。

图 5-18　地下室顶板加固

5.2.6　脚手架和模板支架的搭设应满足规范和获批的专项施工方案的要求

脚手架应按规定的间距采用连墙件（或连墙杆）与建筑结构

进行连接，使用期间不得拆除。沿脚手架外侧应设置剪刀撑，并随脚手架同步搭设和拆除。按规定采用密目式安全立网封闭，并按要求设置安全平网，如图 5-19 所示。

图 5-19　剪刀撑

各种模板的支架应自成体系，严禁与脚手架进行连接。支架立杆的底部应按要求设置垫板，不得使用砖及脆性材料铺垫，如图 5-20 所示。

图 5-20　支架下设垫板

模板支架的立杆应在纵向和横向双向设置扫地杆，纵向扫地杆距立杆底部不宜大于 200mm，横向扫地杆宜设置在纵向扫地杆的下方；可调支托底部的立柱顶端应沿纵横向设置一道水平拉杆，如图 5-21 所示。

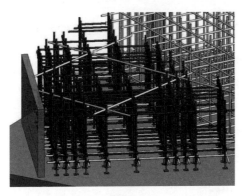

图 5-21　支架底部设扫地杆

5.3　专项方案的编制与交底

参与编制危险性较大的分部、分项工程专项施工方案。编制安全技术交底文件，在正式施工前利用 BIM 技术进行模型浏览或工艺模拟等手段验证专项方案的合理性，进行虚拟技术交底，并且作为验收依据。

5.3.1　卸料平台必须按照获批的专项方案进行搭设，搭设前必须进行技术交底，使用前必须进行验收

搭设完成及每次移动后必须有验收手续。平台上必须悬挂限重标识牌和验收牌方可使用，如图 5-22 所示。

图 5-22　卸料平台

5.3.2 土方开挖过程中，应遵循先撑后挖的原则分层开挖

内支撑的安装必须严格按照设计位置进行，施工过程中严禁随意变更，并应切实使围檩与挡土桩墙结合紧密。挡土板或板桩与坑壁间的回填土应分层回填夯实，如图 5-23 所示。

图 5-23　内支撑

基坑开挖前，应对开挖部位周边的地下构筑物分布情况进行了解，对现场已有的给水排水、燃气、电力等管线进行排查，采取妥善的保护措施，如图 5-24 所示。

图 5-24　地下管网

5.3.3 脚手架的构造要求应符合规范规定

单、双排脚手架的立杆纵距及水平杆步距不应大于 2.1m，立杆横距不应大于 1.6m。作业层外侧，应按规定设置防护栏杆和挡脚板。扣件式钢管脚手架应沿全高设置剪刀撑，如图 5-25 所示。

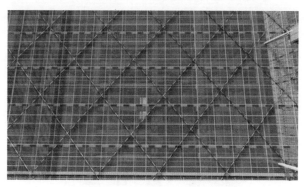

图 5-25　防护栏杆和挡脚板

5.3.4 悬挑式脚手架

悬挑支撑结构必须经专门设计计算，应保证有足够的强度、稳定性和刚度，并将脚手架的荷载传递给建筑结构，支承体伸入结构内的长度应符合规定。悬挑式脚手架的高度不得超过 24m，如图 5-26 所示。

图 5-26　悬挑式脚手架

5.3.5　附着式升降脚手架

架体外立面必须沿全高设置剪刀撑，悬挑端应与主框架设置对称斜拉杆。在升降和使用工况下，确保每一竖向主框架的附着支撑不得少于两套。必须按要求用密目式安全立网封闭严密，脚手板底部应用平网及密目网双层网兜底，如图 5-27 所示。

图 5-27　附着式脚手架

5.3.6　模板支架在安装过程中，必须设置有效防倾覆的临时斜撑

支架立杆在安装的同时，应加设水平支撑，立杆高度大于 2m 时，应在立杆的上下两端各设一道双向水平支撑，每增高 1.5 ～ 2m 时，再增设一道水平支撑。满堂模板支架立杆除必须在四周及中间设置纵、横双向水平支撑外，当立杆高度超过 4m 以上时，尚应每隔 2 步设置一道水平剪刀撑，如图 5-28 所示。

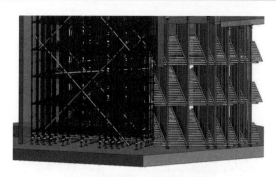

图 5-28 竖向和水平剪刀撑

5.4 安全检查和危险源识别

利用 BIM 技术的可视化特性对施工作业安全及消防安全进行检查和危险源的识别，对违章作业和安全隐患进行处置，制定施工现场安全事故应急救援预案。

5.4.1 防护棚

建筑物的出入口及人员活动集中的建筑物上方应搭设防护棚。升降机的上料口等人员集中处的上方，应设置防护棚。防护棚的搭设长度不应小于防护高度的物体坠落半径的规定，如图 5-29 所示。

图 5-29 防护棚与安全通道

施工过程中，应采用密目式安全立网对建筑物进行封闭（或采取临边防护措施）。当建筑外侧面临街道时，应在临街段搭设防护棚并设置安全通道，如图 5-30 所示。

图 5-30　临街防护措施

5.4.2　临边防护

当基坑施工深度超过 2m 时，基坑边缘应按照高处作业的要求设置临边防护，作业人员上下基坑应有专用梯道，如图 5-31 所示。

图 5-31　基坑防护

5.4.3　防护栏杆

建筑物楼面的水平工作面防护栏杆高度应为 1.2m；坡度大于

1：2.2 的屋面，周边栏杆的高度应为 1.5m。防护栏杆应用安全立网封闭，并在栏杆底部设置高度不低于 180mm 的挡脚板，如图 5-32 所示。

图 5-32　楼面防护栏杆

5.4.4　高处作业防护设施

在孔与洞口边的高处作业必须设置防护设施，包括因施工工艺形成的深度在 2m 及以上的桩孔边、沟槽边和因安装设备、管道预留的洞口边等，如图 5-33、图 5-34 所示。

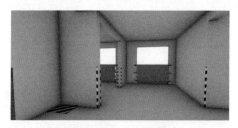

图 5-33　小孔覆盖

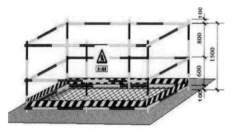

图 5-34　大孔防护

5.4.5　施工升降机

按照现行国家标准《施工升降机安全规则》及说明书规定，施工升降机应安装限速器、安全钩、制动器、限位开关、笼门联锁装置、停层门（或停层栏杆）、底层防护栏杆、缓冲装置、地面出入口防护棚等安全防护装置，如图 5-35、图 5-36 所示。

图 5-35　施工电梯入口防护棚

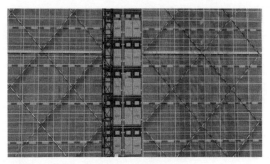

图 5-36　停层门防护

5.4.6　运输和吊装

大型墙板和框架挂板的运输和吊装不得用钢丝绳兜索起吊，平吊时应有预埋吊环，立吊时应有预留孔，钢丝绳穿过吊环进行吊装。吊装时，板两端应设防止撞击的拉绳，供施工人员牵引构件朝着既定的位置放置，如图 5-37 所示。

图 5-37　构件起吊环

5.5　三级安全教育与安全资料

5.5.1　三级安全教育

对于标化工地的建设，除了做好现场的安全交底外，还应做好施工从业人员的培训工作，应创建企业安全标准供从业人员学习和参考；有条件的可以结合 VR 模拟系统进行虚拟安全教育，增强体验感，如图 5-38 所示。

图 5-38　虚拟安全教育

5.5.2　安全资料编制

安全员除了做好施工现场的安全管理工作外，还应根据职责做好安全资料的编制，负责汇总、整理、移交安全资料。包括：安全施工组织设计（如临时水电、基坑防护、起重机械安拆、脚手架安拆、模板安拆、混凝土工程、临边防护、现场消防等专项方案）；安全组织及安全制度（公司安全生产责任制、项目施工现场安全生产管理制度、项目施工现场治安保卫工作制度、项目施工现场消防管理制度、公司安全检查制度、项目安全检查制度、安全活动制度、食堂安全管理制度、各工种安全操作规程、特殊工种人员及证件台账、消防器材管理台账）；安全教育（进场安全教育记录、安全教育考试成绩表、安全教育考试答卷及日常的班前安全教育记录）；安全演练记录（消防应急演练记录、突发事件应急演练记录）；安全周报等。

以上安全内业资料可采用传统 ERP 系统进行录入和读取，也可以接入 BIM 平台以方便其他管理人员进行查阅和管理。

第6章 资料员 BIM 技术应用

本书所指的资料员是指在建筑工程与市政公用工程施工现场，从事施工信息资料的收集、整理、保管、归档、移交等工作的专业人员。施工资料是记载施工活动完整过程的一项重要内容，它是工程建设及竣工验收、交付使用的必备条件，是对工程进行检查、验收、移交、使用、管理、维护和改扩建的原始依据，同时也是城建档案的重要组成部分。施工过程一般都具有隐蔽性，所以对于工程质量的检查与验收，需要通过资料来体现。一个工程项目资料的完整与质量的好坏，直接影响该项目的整体质量，所以施工资料管理是一个非常重要的环节。由此可见资料员在项目施工中起到举足轻重的作用，施工资料应做到及时更新、准确表达，才能真正起到还原项目真实情况的作用。施工资料有内业和外业之分，施工员和测量员涉及的资料通常称为外业资料，本章重点围绕内业资料进行讲解。

6.1 读懂简单模型

（1）读懂简单的建筑构造、建筑设备模型，了解工程预算基本信息。内业资料中有相当一部分内容记载了施工过程和验收情况，这就要求资料员对项目的分部分项、验收批和检验批进行彻底的理解和清晰的划分。所以作为一名专职内业资料员，简单的读懂建筑模型是必备的基本功，这样才能准确的对施工阶段、验收批和检验批进行划分，然后根据以上划分的阶段进行施工资料的编制、数据的加载和应用，为其他管理人员提供施工和验收依据。如图 6-1 所示为某游艇俱乐部模型。

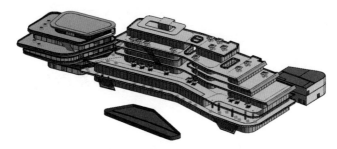

图 6-1　某游艇俱乐部模型

（2）模型成果的加工和图片的处理。在内业资料的创作过程中，经常会需要一些辅助图片作为封面或者丰富其他过程文件。所以，资料员对 BIM 软件中图片的截取、编辑和渲染功能应当适当的了解。

在 Revit 软件视图选项卡下的三维视图中，在绘图区添加相机。调整好适合角度后，可用渲染命令，渲染出图片，如图 6-2、图 6-3 所示。

图 6-2　添加相机

图 6-3　渲染设置

6.2　施工资料与台账

编制施工资料，建立施工资料台账，进行施工资料交底，收集、加载、上传、下载（导出）、存储施工资料。

6.2.1　阶段划分与定义

（1）资料员应熟悉分部分项工程的划分，验收批的划分，验收资料的上传和审批流程。在实际工作中，对项目的不同验收阶段进行划分后应在模型中及时的对这些阶段进行基础信息描述，加载施工队伍或者分包商的信息及各参与方的基础信息；链接该阶段施工方案中确定的工艺工法，留出各种数据上传和交流的接口（软件默认没有的接口应进行设置和增加）。具体操作可在管理选项卡中，添加验收批的项目参数，对模型中的构件进行划分，如图 6-4 所示。

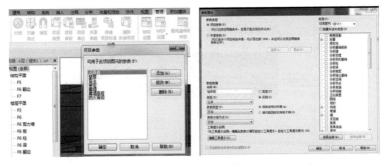

图 6-4　验收批的划分

（2）信息加载。对施工过程中各种进场的构配件和材料应进行质量保证资料的收集并及时加载到模型构件中去，以便其他管理人员及时查阅；对检验批所属的施工中各种试块、试件进行见证取样，并按规定的数量送检。结果回索、上传或加载到检验批的文件夹中去；对施工班组的基础信息（如人数等）和人员信息（觉得有必要的）进行录入，对施工过程中工艺工法的执行情况进行记录；对于各阶段的验收意见和过程资料应及时的进行收集并加载，当实行协同管理时还应随时进行监控，有条件的可以接入通知功能系统，如图 6-5 ～图 6-7 所示。

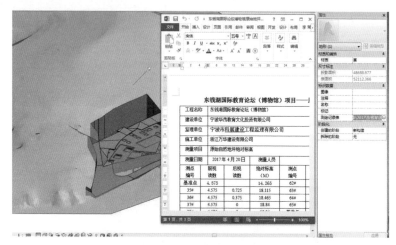

图 6-5　信息加载

图 6-6　信息描述

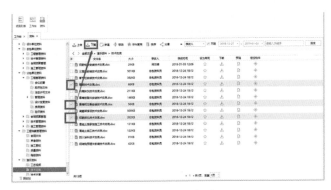

图 6-7　信息存储

6.2.2　资料上传数据库和读取、下载权限的分配机制

施工内业资料子目繁多，要求层次清晰，所以读写必须有所限制，用于上传施工过程信息的接口应单独分类建立文件夹；管理班子内部交流路径和项目参与方之间的交流路径应分开设置；各参与方的读写权限应在施工开始之前设计完成并在协调试运行成功后正式投入使用。实际操作中由服务器分配资源，客户端应能够根据分配的权限在对应的接口上传外业资料或读取想要的资源，当管理人员或其他参与方查看相关模型，对某个部位有疑义时，可直接读取所有过程数据进行审阅并给出建议，责任方应进行回应，如图 6-8 所示。

图 6-8　数据库读写权限

121

在施工过程中，管理人员可通过协同工作机制，对质量、安全、进度等进行辅助管理和控制。管理者发现问题拍照上传，并对问题进行简单描述。上传数据的路径应当和 Revit 软件绑定的文件路径一致，其他协同者在 Revit 端即可通过构件链接的路径查阅该图片和问题描述。相关责任人员可进行定义质量事故等级，并以颜色区分。当责任方接收到相关信息并打开某问题描述时，可快速定位到 Revit 端对该构件进行查阅，如图 6-9 所示。这种协同管理方法也可通过下一节描述的轻量化施工管理平台来实现。

图 6-9　问题跟踪

资料员在这一过程仅仅扮演着收集资料和协调的角色，并不需要过多的参与实际操作。大部分工作由外业人员参与协同，资料员只负责采集有用的信息。值得一提的是，这时候的资料员地位非常玄妙，既是终端又是中端。因为资料员的最终工作目标是内业资料，完成资料的编制是他的任务，从这一点来说资料员处在终端，本可以袖手旁观的。然而 **BIM 技术的灵魂是数据库技术**，数据分发与协调的顺畅与否是 BIM 技术实施成败的关键因素。项目部接受 BIM 技术以后部分流程将会发生一些变化，最大的变化之一就是资料员的工作内容发生了翻天覆地的变化。通常资料员直接接手第一手资料，并负责资料录入的工作，协调数据这个任务由资料员来承担是顺理成章的事，目前没有比这更好的选择。

从这个角度来说，资料员又处于中端地位。

6.2.3　导出资料数据

施工管理的内涵是通过管理决策实现各种目标。采用 BIM 技术的目的除了借助可视化图形快速精准的定义问题从而辅助决策，更深层次的需求是输出其他管理者需求的各类数据为他人所用。这些用于辅助决策的数据由外业管理人员和内业资料员根据各自的职责分别录入，也包括 BIM 软件自身生成的数据。需要查询的时候由 BIM 软件导出想要的资料数据直接使用或进行加工后使用。如图 6-10 所示为 Revit 软件导出的资料表格。需要注意的是：BIM 技术应用的关键在于数据的一致性。若要获得可靠的数据为项目决策使用，则**要求各方责任主体对上传数据的真实性和准确性负责**。如：设备供应商对设备的规格性能等基础参数负责，对提供的产品合格证负责；检测中心对材料的检测结果报告负责；测量员对提交的测量成果数据负责等。

图 6-10　数据导出

6.3　计算机辅助管理平台

在使用 BIM 技术进行内业资料管理方面，各类 BIM 软件的功能有很大的差异，有些 BIM 软件本身是基于数据库开发（如，3DE xperience），这类强大的 BIM 软件可以直接用于资料管理。但普通的大众化 BIM 软件在数据管理方面还有所欠缺（如，Revit），这类 BIM 软件在数据管理方面除了自身具备的基础功能还需要配置数据库服务器进行辅助，才能顺利地进行资料管理。这对于大部分没有配置信息中心的施工单位来说是个巨大的挑战。面对这一需求，很多软件商开发了基于服务器的成品 BIM 管理平台，供施工单位直接使用。由于这类管理平台软件对 BIM 模型进行了轻量化处理，使得操作更加的流畅，这样就使得大体量的模型可以直接在平台上进行浏览。缺点是由于这些平台类软件对 BIM 模型做了轻量化处理，需要更新时无法对模型进行在位编辑，此时需要在 BIM 建模软件端进行编辑后重新加载更新。在资料管理方面不能做到双向沟通，模型经过数次更新后将无法检验和保证数据挂接的准确性和一致性。平台容易造成一定的数据不足或冗余，甚至错乱，这实际上又形成了新的信息孤岛。这类 BIM 管理平台软件通常提供管理数据和信息资料，往来传递及追溯管理；进行运用、服务和管理；对施工资料进行立卷、归档、验收、移交等功能，如图 6-11 所示。

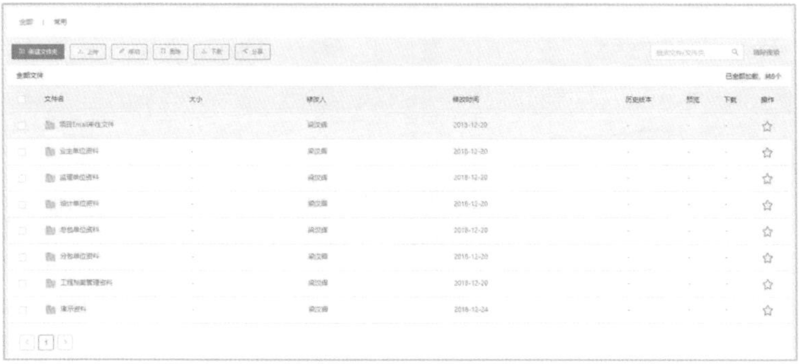

图 6-11　资料管理平台

注　随着 P-BIM 体系的不断完善和 CDM 软件的问世，以上问题将迎刃而解，上述平台软件也将失去使用价值。

在操作方面，BIM 平台类软件比较容易上手。资料员可以使用施工资料辅助管理平台对施工过程资料进行上传、归档和存储。由于过程资料是直接上传至 BIM 管理平台，因而无需考虑模型本身的问题，如图 6-12 所示。

施工资料的编制和管理应做到完整、及时，与工程进度同步：对形成的技术资料、物资资料及验收资料，按施工顺序进行全程督查，保证施工资料的真实性、完整性、有效性。施工资料包含开工资料、施工过程资料及竣工验收资料三大部分，其中过程资料又包括技术资料、物资材料报验资料及施工工序检验记录资料等。

值得一提的是，在 BIM 可视化的层面上，施工内业资料在本质上对于竣工交付基本上没有什么影响，也没有实际意义。其真正的意义在于建设单位和施工企业自身，一是可以对事件进行追溯；

图 6-12 资料分类存储

二是辅助施工过程管理；三是拿这些原始资料用来作数据分析，形成企业数据库和企业定额。

如果建设单位对于后期运维有要求的项目，可另行规定并对于数据加载的类目进行约定。此时的运维模型应考虑如何支持设备设施的未来管理和运营，主要设备应按诸如样式、型号、生产商和序列号这样的设施特性加以描述，其他的特性还应包括质保信息、部件清单、生产商联系信息等。

由于记录文件需要通过文件夹系统进行分发，所以项目文件夹的结构层次应与利益相关方的职责分工一致。最好对共享文件夹系统建立文件许可策略，其中仅有项目内的适当组织有读写许可，团队的其他成员则为只读许可。在最高层面，文件夹系统应由项目管理机构控制。文件夹目录及架构（层次）因每个项目的参与方不同而略有不同，所以最优的架构应按照矩阵的方式创建。横向为质量、进度、造价等，纵向为分部分项工程的次序进行创建，各文件夹下创建子文件夹。各文件夹互相关联，实时联动更新。模型文件命名应规范、标准，按照企业标准进行。构件命名规则可参照国家相关规范进行。

这里顺便简单叙述一下模型整合的原则，房屋建筑工程的上部结构由于每层的体量较小，可以每层分专业单独创建模型，整合时直接把每层的所有专业整合在一起即可，竖向的衔接问题可以单专业竖向整合先行处理后再进行平面整合，此时竖向的管线基本不会受到太大的影响。地下室可以按照防火分区创建模型，整合时单层地下室进行整合，检查冲突问题。其他大型的公共建筑物可以按照地下室的方式进行处理。

这样，完整的模型组成架构也就清晰了。项目部的服务器按照分层分专业的原则保存主模型，每个管理人员自行管理子模型和局部模型，施工过程中产生的局部大样图等临时文件由管理人员自行保存和更新。

存储方面：三维图形分层、分专业存储；质量、进度、安全等过程文件分别创建文件夹存储；构件的生产信息单独存储；图纸分专业存储。除了三维图形保存在各自的 PC 端，其他文件直接上传到数据库，并且根据权限和三维图形进行关联。关联的次序为：三维图形和图纸直接关联，三维图形和构件信息直接关联，可以直接点击读取。其他的过程文件可以通过检索进行关联。这样一来，即使不需要很大的投入，甚至不需要专业的管理平台软件，就可以轻松的利用模型进行信息化管理项目了。

第7章 材料员与造价员BIM技术应用

7.1 概述

本章将对材料员和造价员合并论述，原因是因为目前绝大多数的项目施工现场对这两个岗位的界定和任用不是那么规范。很多施工现场的材料员基本上是降级任用，大多为仓管员的角色，其专业程度也稍显逊色；对于造价员这一岗位，现实中很多项目是采用分包的模式，有些规模较大的项目虽然配备了专业造价员驻场，但是其功能并没有很好的被挖掘出来。基本上还是沿袭了过去预算员的工作内容，以"算"为主，大多不参与成本控制和管理工作。现实场景中与施工现场是脱节的，这也是过去的现场"建筑五大员"里边并没有预算员的原因。但是考虑到这两个岗位和BIM技术有着举足轻重的关系，所以还是对其进行一下梳理。

在建筑施工领域，建筑材料所占的比重非常大。而在施工中因为建筑材料的尺寸都是按照一定的规格生产，这就导致了在施工过程中需要对建筑材料进行切割和焊接等二次加工，因而就导致了建筑材料不可避免的产生浪费。同时因为施工过程跨度大，时间长，建筑材料需要根据现场的需要按进度进场。那么就需要我们的材料管理人员按照进度节点合理的安排材料进场，以免造成资金占用。BIM技术有着数据继承的特点，材料管理人员可以借助BIM软件所见即所得这一特性，及早计算材料用量，科学安排材料进场。同时还应考虑尽量避免二次搬运。

建设工程的施工造价非常的高昂。对于施工企业来说，对于造价的控制和施工过程的变更签证工作应引起足够的重视，方能保证合理的利润。BIM 技术在这一过程中可以起到决定性的作用，通过数据的继承，造价人员可以顺利的接收到设计数据和施工过程数据，进行工程量计算和过程监控与管理。

7.2　材料员 BIM 技术应用

本书所指材料员是指在建筑工程与市政公用工程施工现场，从事施工材料的计划、采购、检查、统计、核算等工作的专业人员。对于建设工程来说，建筑材料的性能直接影响到整个工程建设质量的好坏、是否安全等。因此在建设工程的施工过程中必须要把好材料质量关。材料员的工作内容就是负责对项目用料的采购数量提出计划方案，对材料进场进行验收、材料出场进行记录，确保材料进出场都准确记录在案，对其数量和质量负责。并且对进场材料的各种质量保证文件收集、整理、归档，做好材料的保管与分发工作，对施工现场的材料存货进行分类别和剩余量进行管理储存，及时向项目部决策层汇报材料使用情况，利于决策层对材料下一步计划进行决策，从而保证资金的正常运转和进度的正常进行。他们所工作的目的一是材料管控，二是确保材料的性能指标。下面具体讲述如何利用 BIM 技术去更好实现材料员的工作目的。

7.2.1　材料员职责和 BIM 技术利用

根据材料清单和项目进度计划，配合项目部其他部门编制施工材料的采购计划，确保施工现场的材料供应；收集材料的价格信息，参与对供货单位的评价与选择；根据施工过程和形象进度，计划组织材料进场；负责材料进场后的接收、发放、储存管理；根据进场材料的性质进行分门别类的堆放。对进场材料的品名、规格、数量、品种进行验收和记录，收集进场材料的产品合格证、质检报告并录入数据库，对进场材料的质量负责，须复检的材料应及时送检。建立材料管理台账，如图 7-1 所示。

编号	类别	规格	图例	单位	长度	宽度	厚度	数量
JD02	8+1.52PVB+6Low-E+12A+6	钢化夹胶中空玻璃		块	1164	3864	12	18
JD02	EPDM胶条	6*10		条	3900	10	7	36
JD02	EPDM胶条	6*10		条	3900	12	6	36
JD02	尼龙玻璃纤维断热条	3*10		条	3900	14	5	18
JD02	硅酮密封胶&泡沫棒	2*10		条	3900	10	24	36
JD02	硅酮密封胶&泡沫棒	2*10		条	1164	10	15	9
JD02	硅酮密封胶&泡沫棒	2*10		条	3900	10	15	36
JD02	铝合金装饰线条	1*100		根	3900	321	100	18
JD20	铝合金压块	1*80		根	3900	80	16	18

图 7-1　材料清单

材料员可利用 BIM 技术，方便地建立材料管理台账，随时更新现场材料情况，便于随时随地的准确查阅仓库中材料的情况。BIM 技术在施工现场对于仓库管理的应用可以更好的实现仓储管理的原则：及时、准确、经济、安全。使用手机端、PC 端、电脑端通过网络对材料管理中心的中心文件数据库进行及时更新、随时查看以及实时提取数据。数据库应具备检索功能，在中心文件中做好材料的分级分类，以便快速准确的查找。

材料中心文件的建立应在建筑模型的基础上进行，由项目部 BIM 技术员进行模型的优化和数据挂接处理，由材料员录入材料信息，形成最初的材料中心文件，随着施工进度的推进和材料的使用情况，逐步完善材料中心文件。一般情况下，这里的材料中心文件主要是用于仓库材料的查询、材料进出仓库记载以及盘点材料。如图 7-1 所示，在 revit 软件中使用明细表功能统计材料，在 Naviswork 软件中进行一定时间节点的材料需求分析，按照进度进场和分发材料。

7.2.2　负责监督、检查材料的合理使用情况

对现场材料的损耗情况及时统计上报。参与编制并执行限额领料制度，如图 7-2 所示。回收和处置剩余及不合格材料。对各分项工程剩余材料按规格、品种进行盘点和记录，对积压材料合理利用。及时向技术负责人汇报数据，以便做下一步材料计划，汇总、整理、移交建筑材料和设备的相关资料，建立材料分析档

案及时反馈至决策层。

材料员依据 BIM 模型对应的材料明细表，对比仓库材料出库量来监督和检查材料使用量是否合理。材料的规格和品种应及时记录与更新，录入材料管理数据库。及时掌控施工现场各施工段材料的使用和分布情况，为材料的回收处理或二次加工提供依据，从而达到节约成本、缩短工期的目的。

7.2.3 材料的送检与信息录入

由企业 BIM 中心提供材料样板文件，设置好需要的参数，并留出数据接口。由材料厂家提供原始资料，如出厂合格证

<管道附件明细表>			
A 系统类型	**B** 族与类型	**C** 尺寸	**D** 合计
J-给水系统	闸阀: 80 mm	80-80	5
J-给水系统	Y型过滤器: 标	100-100	1
J-给水系统	室内水表: 标准	100-100	1
J-给水系统	电磁阀: 标准	100-100	1
J-给水系统	闸阀: 100 mm	100-100	6
J-给水系统	Y型过滤器: 标	150-150	4
J-给水系统	倒流防止器: 标	150-150	1
J-给水系统	可曲挠橡胶头:	150-150	10
J-给水系统	室内水表: 标准	150-150	1
J-给水系统	止回阀 - 螺纹d	150-150	3
J-给水系统	消声止回阀: 标	150-150	2
J-给水系统	电磁阀: 标准	150-150	5
J-给水系统	闸阀: 150 mm	150-150	22
J-给水系统	闸阀: 200 mm	200-200	5
M-热水供水系统	闸阀: 65 mm	65-65	1
M-热水供水系统	Y型过滤器: 标	80-80	1
M-热水供水系统	信号阀: 信号阀	80-80	1
M-热水供水系统	压力表 例装 (	80-80	1
M-热水供水系统	闸阀: 80 mm	80-80	3
M-热水供水系统	Y型过滤器: 标	100-100	2
M-热水供水系统	信号阀: 信号阀	100-100	2
M-热水供水系统	压力表 例装 (	100-100	2
M-热水供水系统	闸阀: 100 mm	100-100	6
M-热水供水系统	闸阀: 150 mm	150-150	1
M-热水回水系统	闸阀: 65 mm	65-65	1
M-热水回水系统	压力表 例装 (	150-150	1
M-热水回水系统	可曲挠橡胶头:	150-150	2
M-热水回水系统	闸阀: 150 mm	150-150	3
P-压力污水系统	压力表 例装 (	80-80	3
P-压力污水系统	可曲挠橡胶头:	80-80	8
P-压力污水系统	止回阀: 标	80-80	11
P-压力污水系统	软接头: 软接头	80-80	11
RH-热水回水系统	压力表 例装 (	50-50	4
RH-热水回水系统	止回阀: 标	50-50	6
RH-热水回水系统	软接头: 软接头	50-50	12

图 7-2　限额领料

等。材料员使用该样板文件进行材料信息初始化录入，并根据需要和检验批规定的数量进行送检。得到检测报告后将检测结果录入系统，形成材料中心文件。

7.2.4 材料的用量和损耗分析

施工现场的材料用量可通过 BIM 软件进行仿真模拟和计算，可以直接获取每个施工段所需的材料用量和分布情况，帮助材料员理清材料的消耗量和损耗量。然后使用 BIM 软件分析出常用大宗同类型材料用量和辅助的不同类型材料用量，准确分析材料的用量和损耗，为材料采购计划提供可靠的数据支撑和正确决策的保证。分析出过程损耗情况以及发展趋势，浪费还是节约。

7.2.5 参加项目生产计划会议，分析考核物资工作的经济技术 指标，提出改进意见

做好经济分析并提供分析资料。材料员要求能够根据材料总计划、预算控制量价对进场的材料进行综合控制。

7.3 造价员 BIM 技术应用

本书所指造价员是指在建筑工程与市政公用工程施工现场，对一个工程项目所完成的最基本的人工、材料、机械等开支，包括税收、利润等所做的细致或粗略的统计，过去曾经也叫做预算员。现场造价员在计量计价方面的应用与项目部技术人员相比较更为专业，因此施工现场的造价员也对整个工程项目起到举足轻重的作用。造价员在项目中必须熟悉合同内单价内容的构成，完成合同外单价的申报工作，施工现场图纸的变更及额外的签证，以及方案修改获批后，对综合单价进行计算。

总的来说，建筑工程与市政公用工程施工现场的造价员的主要工作内容包括四个方面:（1）发包合同管理;（2）索赔管理;（3）二算编制（施工图预算编制和施工预算编制）;（4）工程结算。本章节重点介绍的是 BIM 技术，利用 BIM 技术帮助造价员更好的完成上述的工作内容。

7.3.1 发包合同管理

对劳务和专业承包进行合同策划、起草并发起相应的合同审批流程，对发包合同的履约情况进行评价。

随着建筑行业的规范化和专业化，建筑市场上的发包合同必须符合中国社会主义市场经济的要求，满足中国建筑市场主体需要，从而利用合同来引导和管理建筑市场。所以，发包合同的管理也成为建筑市场发展的重要因素之一。而 BIM 技术的出现刚好为发包合同管理提供优化的可能，为发包合同的策划、起草、审

批提供便捷通道，也方便了对发包合同履约情况的评价。网络在线共享与传递，项目管理员在对应职能权限的前提下，可以直接使用手机或者电脑对合同内容进行编辑、审批、评价。造价员可以充分享受到 BIM 所带来的红利，它的便捷性、快速性、网络空间在线交流等，直接减轻了施工现场造价员的工作压力，减少了项目管理员对于发包合同的工作量。在一定程度上提高了合同内容的合理性和合同实施的默契度。

7.3.2　索赔管理

合同一方不履行或未能正确履行合同约定的义务造成对方损失，或者在施工过程中由于项目的变更而导致造价的变动，以上过程中受损失的一方可以向对方提起索赔或反索赔。

建筑工程本身投资量大、工程体量大、工期长、参与方众多，所处环境情况复杂，存在着许多的不确定性，所以索赔发生的几率也比较大，且通常数额较高。因此，造价员首要的就是弄清楚索赔发生的原因，把握每一次可能索赔的机会，尽可能的减少亏损，提高项目部的经济效益。使用 BIM 软件创建的建筑模型，可以达到"一改多改"的效果，即模型的改动，文件的数据将随之变化，模型所出的工程量清单也跟随变化，可快速的出具变更工程量。

以上两点（7.3.1 和 7.3.2）属于传统业务流程之列，工作流程直接由 ERP 系统或者 BIM 平台在线审批即可。对于索赔额的计算需要依据签证单所批示的工作量变更模型，模型变更前后的差值即为索赔工程量，如图 7-3 所示。

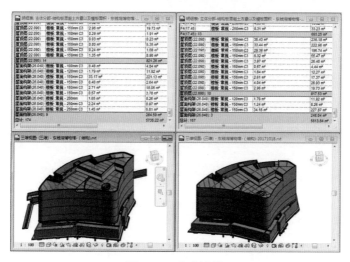

图 7-3　索赔计算

7.3.3 做好二算编制及对比工作，对收到的设计变更、技术核定单、资料等进行增减预算编制

施工图预算可用于建筑施工单位投标报价时的参考，施工预算则是整个工程项目的造价依据。二算对比，即是施工预算和施工图预算的对比，他们二者从不同的角度去确定工程成本，达到检查正确性、发现问题、及时纠正错误等目的，从而带来经济收益，防止亏损。在 BIM 技术的基础上，造价员可以充分理解三维模型，读懂建筑，提高预算的准确性。而三维建筑模型能够快速生成清单，软件自带相关计算规则和提前公式的录入设置，通过软件间数据的传递，可直接计算出实物量和清单量（图 7-5 ～图 7-7）。二算编制依据 BIM 技术可以大大提高编制速度和可靠性，为二算对比提供更为精确的数据表单。

7.3.4 工程结算。根据竣工资料编制项目工程结算书、以确定工程最终造价

如图 7-4 ～图 7-8 所示，这里的工程结算是工程竣工结算，

133

是施工单位依据承包合同的要求内容完成自己所承包的工程，并通过质量验收合格后，且满足合同签订的要求，向建设单位进行的最终工程款结算。当整个项目在施工过程中全程使用了 BIM 技术，则 BIM 中心文件中就形成了最终的工程资料，为编制项目工程结算书提供便利，可以快速查找和提取相关有用的资料。利用三维模型可以直接生成需要的清单量，最终生成的清单报表直接导入计价软件进行计算，即可得到想要的造价数据了。

图 7-4　对项目进行设置

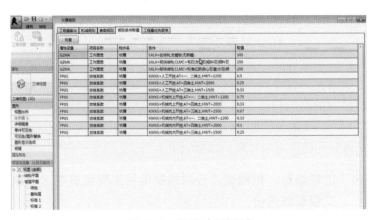

图 7-5　设置计量规则

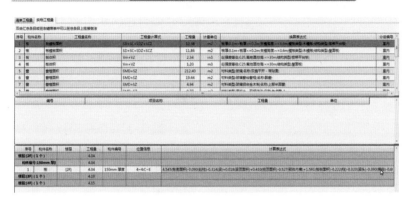

图 7-6　计算实物量

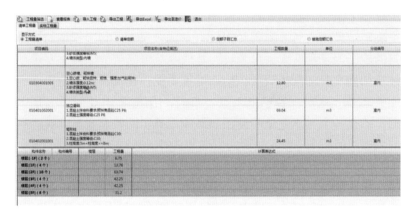

图 7-7　计算清单量

后　记

这本小册子就这样平淡无奇的写完了。说它平淡，是因为大多数读者看完之后会感觉很无聊，谁会用 BIM 软件去放样啊？还把砌体的翻边也画出来？事实上，施工现场不就是做这些平凡的事情吗？编者写这本小册子的目的是为施工现场的从业人员提供 BIM 技术解决问题的思路，为 BIM 技术的落地起到引导作用。思路决定结果，比如很多从事 BIM 行业的人员做了很多现场的工器具的族。但是没有人去思考过，是这些花里胡哨的工具重要还是建筑结构本身的翻边或者拉结筋更重要呢？建筑物本身的构件都能够忽视，这是一种本末倒置。我们一直在说 BIM 的灵魂是数据，那么一个并不完整的模型如何体现真实的数据呢？后端所需的数据从何而来？竣工决算的依据又从何而来？

另外，我们做 BIM 应用一定要考虑应用场景，自己是干什么的？想要的结果是什么？从自身的需求出发，去挖掘 BIM 技术带给我们的便利和好处。反之，就好比开着收割机去沙漠找活儿干，这是很荒唐的事情。从数据的需求点出发考虑问题才是根本，机电专业的管理人员对脚手架的相关数据通常是不会感兴趣的。

举例说明，面对基坑里边有一个电梯井旁边还有个集水井的这种坑中坑，坑连坑，很多人为之头痛：第一，放样就是个问题，编者经常看到有挖错了再填的现象；第二，这么大的基坑其土方量和混凝土量动辄几十立方米甚至几百立方米，传统软件是无能为力了，手算吧至少得是几何高手，几翻切割之下结果还是差之千里；第三个问题更麻烦些，通常钢筋翻样员面对这种基坑想要准确翻样，有且仅有两条路，其一就是一比一在地上放样，这个有些吃力。那就等垫层浇筑完毕去现场量吧，这样确实比较准确，但结果是浪费功夫不说还容易延误工期，毕竟这类基坑最低，应最先绑扎钢筋。这类基坑里边柱子插筋的长度也是常规手段无法准确计算的。当然还有可能碰到其他问题，比如降水井的布置方案。以上问题当你遇到了直接用 BIM 软件处理即可。这个时候如果想着能否给基坑做个碰撞检查，排个砖就成了笑料了。正确的 BIM 思维应当是按照工程项目的流程和后端的数据需求用 BIM 技术来解决问题（有难题找 BIM 软件解决），而不是用 BIM 软件做工程（用应用点往项目上套）。一言以蔽之："应用点"是个伪概念，应当改称为"后端的数据需求点"。确定了这个概念就等于确定了 BIM 技术发展的航标，对于 BIM 技术的健康发展起到了导盲的作用。

　　有人整本书看完了仍然对于数据传递的概念一知半解，下面再举个例子说明。还是拿一个结构柱来说明，当我们拿到一个柱子的混凝土模型以后想要对这个柱子进行配筋，我们首先要考虑当前属于什么环境，从而确定保护层的厚度，然后根据混凝土的表面尺寸数据扣除保护层厚度进行配筋即可。切不可盲目创建一个钢筋模型和已知的矩形柱子进行碰撞检查，然后各种调整，这是本末倒置的做法。

　　据此引出另外一个话题：BIM 技术的应用必须要依附于工程项目而存在，才有可能发挥价值。那么大家常说的 BIM ＋ 和 ＋ BIM 哪个才是正道？